수학하는 신체

SUUGAKU SURU SHINTAI
by Masao Morita

Original Japanese edition published by SHINCHOSHA Publishing Co.,Ltd.
Korean translation rights arranged with SHINCHOSHA Publishing Co.,Ltd.
through Shinwon Agency Co.

수학하는 신체

신체와 사고가 함께하는 수학

에듀니티

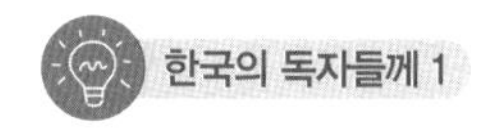

한국의 독자들께 1

저는 재작년에 3주 정도 유럽을 여행했습니다. 중세에 이슬람 수학이 전래된 이탈리아 반도에서 출발해 프랑스, 독일을 경유해 앨런 튜링을 낳은 영국까지, 유럽 대륙을 북상하면서 수학이 시대와 함께 모습을 바꾸고 '근대화'되어가는 과정을 좇았습니다. 이때의 경험이 〈수학하는 신체〉 전반부의 중심이 되었습니다.

여행하는 도중 각지의 대학을 몇 군데 방문해서 수학과 수업을 엿볼 기회가 있었습니다. 저는 이탈리아어와 독일어는 모르지만 로마대학 강의실을 보고는 금방 그것이 선형대수 수업이라는 것을 알 수 있었고, 괴팅겐대학에서는 수업이 이루어지고 있는 강의실 칠판을 보고 토폴로지topology에 대해 논의하고 있다는 것을 알았습니다.

말이 통하지 않아도 서로가 보고 있는 풍경은 알 수 있습니다. 칠판과 화이트보드에 적혀 있는 수식과 기호를 매개로 해서 저는 이국의 학생들과 곧바로 마음을 통할 수 있었습니다.

수학은 나라와 문화의 차이를 넘어서 통용되는 언어입니다. 그런데 수학적 '경험'이 어디까지나 개인적인 것도 사실입니다. 국소적인 환경에 둘러싸인 육체를 가지고 역사적 문맥을 등에 업은 개개인 안에서 발현하는 수학의 풍경은 시대와 문화와 함께 다양한 모습으로 빠르게 변화해왔습니다. 시공을 초월해서 통용되는 수학이 실제로는 풍토와 시대 상황의 제약을 받으면서 다양한 모습으로 꽃피어온 것입니다. '보통 언어'로서의 수학이 특수한 개개의 '신체'를 무대로 해서 생성된 것이지요.

보편성과 특수성이라는 언뜻 모순되어 보이는 개념의 기묘한 동거가 이 책 〈수학하는 신체〉의 주제입니다. 이 책이 한국어로 번역되어 한국의 독자 여러분 손에 닿을 수 있게 된 것을 진심으로 기쁘게 생각합니다. 언어와 문화에 관계없이 우리는 수학의 기쁨을 똑같이 나눌 수 있을 것입니다.

언어와 문화의 제약 안에서만 나올 수 있는 수학의 섬세한 색채도 있습니다. 언젠가 한국의 독자 여러분과 만나서 수학에 대한 이야기를 나눌 수 있기를 기대하고 있습니다. 그때는 틀림없이 똑같은 감동을 나누면서 서로의 차이를 발견하는 기쁨을 느낄 수 있겠지요. 보편성을 기반으로 한 특수성의 선명한 반짝임. 여기에 바로 수학의 아름다움이 있으니까요.

2016년 7월

모리타 마사오

한국의 독자들께 2

2016년 여름에 〈수학하는 신체〉 한국어판이 출판되었을 때 “언젠가 한국의 독자분들과 수학에 관해서 이야기를 나눌 수 있는 날을 기대하고 있습니다”라고 한국어판 저자 서문에 썼습니다. 이때의 바람은 생각보다 빨리 실현되었습니다. 한국에서 〈수학하는 신체〉 독서회를 진행하는 그룹에서 초대해주신 덕에 저는 2018년 1월, 태어나서 처음으로 한국에 가게 되었습니다.

이때 서울과 경기도 광주 그리고 충주 등지에서 ‘수학 연주회’를 개최하였습니다. 수학 세계에는 훌륭한 발상과 개념 등 수많은 ‘명작’이 있습니다. 그러나 그것을 ‘연주’하는 사람이 없는 한, 수학 작품이 사람들의 마음에 닿아서 감동을 불러일으킬 일은 없습니다. 저는 수학을 ‘연주’하고 싶다는 마음으로 십 년 전부터 일본에서 ‘수학 연주회’라고 이름 붙인 토크 라이브를 진행하고 있습니다. 그 연주회에서 저는 수학의 역사와 수학자의 인생, 수학의 배경이 되는 드라마를 가능한 알기 쉬운 말로 이야기하고 있습니다.

한국에서 처음 개최한 ‘수학 연주회’는 저의 상상을 훨씬 넘은 대성황을 이루었습니다. 그 큰 원동력은 박동섭 선생님의 존재입니다. 박 선생님은 이 책의 번역자이기도 한데, '수학 연주회'의 통역을 맡아주셨습니다. 그런데 그 통역이 아주 훌륭합니다. 그는 단순히 저의 일본어를 한국어로 바꾸는 것이 아니라 '라이브'로서의 생명력을 유지한 채로 사람들에게 전합니다. 예를 들어 제가 무대 위에서 재킷을 벗으면 그도 똑같은 타이밍에 재킷을 벗습니다. 제가 일본어로 조크를 말하면 그는 곧바로 그것을 한국식 유머로 바꾸어서 강연장으로부터 큰 웃음을 자아냅니다. 이윽고 저는 이것은 단순한 통역이 아니라 박동섭 선생님과의 '콜라보 연주회'라고 느끼게 되었습니다. 그 후 강원도부터 부산을 거쳐 제주도까지 전국 각지를 돌면서 20회 이상 '수학 연주회'를 개최하였습니다. 그때마다 열정적인 교사와 학생들과 만나서 수학에 관해서 이야기를 나누는 행복한 시간을 보냈습니다.

현대 수학의 대부분은 근대 유럽에서 그 기초가 만들어졌습니다. 따라서 수학에는 서구세계 고유의 가치관과 사상이 농밀하게 침투해 있습니다. 그러나 그 유럽 세계도 과거에는 수학의 후진국이었습니다. 이슬람 세계로부터 전해져 온 수학을 그들이 육화肉化해서 자신들의 것으로 만들기까지 수백 년에 걸친 세월을 필요로 하였습니다. 동아시아에서 수학은 외래의 학문으로서 전해져왔습니다. 물론 수와 도형에 관한 지知의 축적은 옛날부터 있었습니다. 그러나 철학과 밀접한 관련을 가지면서 인간의 사고 가능성을 추구하는 'mathematics'라는 학문은 어디까지나 유럽에서 건너온 것입니다.

과거 유럽 사람들이 이슬람 세계로부터 도래한 수학을 육화하는데 수백 년의 세월을 필요로 한 것과 같이 유럽에서 온 '수학'을 우리가 육화하기까지는 아직 더 많은 시간이 필요할지도 모르겠습니다.

단순히 '계산'을 할 수 있게 된다든지 '기술'을 습득하는 것이 아니라 수학이 하나의 문화로서 깊게 뿌리를 내리기 위해서는 그 나름의 시간이 필요합니다. 때로는 고통을 동반하면서, 때로는 즐기면서 수학이란 무엇인가, 수학은 무엇일 수 있는가를 계속 모색하는 시간 속에서 수학의 씨앗은 이윽고 우리의 발밑에서 또 새로운 꽃을 피우겠지요.

아직 보지 못한 수학의 미래를 그려보면서 한국의 여러분들과 앞으로도 수학에 관해 이야기 나누는 시간을 거듭해 나아가길 진심으로 기대하고 있습니다.

2020년 4월 7일

모리타 마사오

추천의 글

모리타 마사오 씨의 〈수학하는 신체〉 한국어판이 나온다는 이야기를 듣고 매우 기뻤습니다. 모리타 씨는 일본의 사상사에서 지금까지 등장한 적이 없는, 완전히 새로운 유형의 지성입니다. 이 두드러진 개성에 대해 간략하게나마 소개하고자 합니다.

모리타 씨가 가진 재능의 가장 큰 특징은 수학사의 흐름에서 시작해서 다양한 수학자의 모험 그리고 최첨단 수학 이론까지, 수학을 싫어하는 독자라도 '알기 쉽게' 수학을 말할 수 있다는 점에 있습니다. '수학 입문'이라는 모양새를 갖춘 책은 얼마든지 있고, 수식을 별로 사용하지 않고도 수학의 토픽을 말할 수 있는 저널리스트도 있지만 모리타 씨가 말하는 '알기 쉬운 수학'은 이런 것들과 전적으로 다릅니다. 그는 한 자리에서 수학에 대해 몇 시간이고 이야기하는 '수학 연주회'를 전국 각지를 돌면서 하고 있습니다. 왜 굳이 '연주회'라고 칭하는 것일까요? '음악 연주회와 수학 연주회는 본질적으로 같은 것이 될 수 있기 때문'이라는 것이 모리타 씨의 생각입니다.

악기를 연주하지 못하고, 음악 이론을 모르고, 작곡도 못하고, 악보를 못 읽는 사람들이라도 연주회에 가면 음악을 마음속 깊이 즐길 수 있고, 음악을 통해서 영혼이 흔들리는 것 같은 깊은 감동을 받을 수도 있으며, 세계에 대한 조망이 한순간에 달라지는 경험을 하는 일도 있을 수 있다. 그리고 같은 일이 수학에서 일어날 수 있다는 것이 모리타 씨의 지론입니다.

수학을 못한다, 수학을 왜 하는지 모르겠다, 왜 수학 같은 것이 입시에 나오는지 모르겠다는 사람들이 많습니다. 저도 그랬습니다. 하지만 이런 사람들에게도 이야기를 어떻게 전개해나가느냐에 따라서 수학사의 놀랄 만한 일화에 빠져들거나 수학자들의 용감한 실천에 공감하거나 수식의 수리적인 아름다움에 큰 울림을 받는 일이 있을 수 있다고 모리타 씨는 생각했습니다. 확실히 가능성으로서는 있을 수 있습니다. 하지만 실제로 수학 이야기만을 가지고 수학에 대해 거의 아무것도 모르는 사람들에게 깊은 감동과 유쾌함을 선사하려면 발군의 '이야기하는 힘'이 필요합니다. 수학에 대한 깊은 이해뿐만 아니라 스토리텔러, 즉 이야기꾼으로서의 재능이 필요합니다. 모리타 씨는 이런 재능을 갖춘 매우 보기 드문 수학자입니다.

모리타 씨의 재능은 그가 진행하는 '수학 연주회' 현장에 가보면 금방 이해할 수 있습니다. 그의 재능은 빙의되는 재능입니다. 이름도 모르고 얼굴도 모르는 타자에게 공감할 수 있는 재능입니다. 모리타 씨는 지금으로부터 멀리 떨어진 시대의, 멀리 떨어져 있는 나라의, 언어도 종교도 논리 형식도 미의식도 다른 '타자'의 신체에 싱크로나이즈 하는 일이 정말로 가능한 사람입니다.

어떤 수학자에게도 경탄해 마지않는 아이디어를 얻는 순간이 있습니다. 아르키메데스가 '유레카'를 외치며 벌거벗은 채 거리로 뛰어나갔듯이, 하늘의 계시를 받은 듯한 아이디어를 얻었을 때 수학자는 기쁨에 들떠서 주위에 있는 모든 사람들에게 '내가 드디어 발견했어'라고 말하고 싶은 절박함을 느낍니다. 이럴 때는 수학을 전혀 모르는 사람(아내라든지 이웃사람이라든지)들에게조차도 끈덕지게 '자신의 아이디어'를 전하려고 할 것입니다. '제발 부탁이니까 좀 알아달란 말이야'라면서 상대의 가슴팍을 붙잡고 이야기를 들어달라고 매달리게 됩니다.

모리타 씨의 '수학 연주회'는 이런 현장을 재연하는 것입니다. 수학자의 몸에 하늘의 계시가 도래했을 때 이 전대미문의 아이디어(이 말은 거의 대부분의 사람에게 이해 불가능하다는 것을 의미합니다)를, 수학자는 누구라도 좋으니까 알아줬으면 좋겠다고 바라게 됩니다. 모리타 씨는 이 절박함을 원동력 삼아 '연주회'를 전개합니다.

희한하게도 '누구라도 좋으니까 알아줬으면 좋겠다'는 열렬한 생각에서 나오는 말은 전문가가 아닌 보통 사람이라도 알 수 있습니다. 이런 말에는 모든 인간 영혼의 깊은 곳에 있는 어떤 것에 닿는 '열' 같은 것이 있기 때문이지요. 무질서해 보이는 현상의 배후에 있는 정연한 수리적 질서가 발현되는 것을 목격한 수학자가 '세계에는 절대적인 질서가 있다'고 확신할 때의 감동은 우리 같은 문외한에게도 왠지 생생하게 전해져옵니다.

모리타 씨의 이야기에 귀를 기울이다 보면 오일러와 튜링과 오카 키요시가 눈앞에 나타나서 생생한 숨결로 이야기를 하는 것 같습니다. 모리타라는 희유稀有의 '촉매제'를 경유해서 우리는 자력으로는 결코 도달할 수 없을 것 같은 '지적인 떨림'을 추체험할 수 있습니다. 그래서 〈수학하는 신체〉는 모리타 씨 말고는 누구도 쓸 수 없는, 아주 예외적인 책입니다. 앞으로 한국의 독자들도 모리타 씨가 하는 일에 주목해주었으면 좋겠다는 바람을 가져봅니다.

2016년 7월

우치다 타츠루

(일본의 사상가, 무도가. 〈완벽하지 않을 용기〉의 저자)

독자의 추천

수학사를 읽다 보면 수학의 위대한 순간들에 대해서 매우 놀라고 감탄하게 된다. 현재와 과거의 중요한 수학사적 순간들을 이어주는, 인간의 사고의 진화에 대한 감탄이었던 것 같다. 모리타 씨는 여기서 더 나아가 '수학이란 무엇인가?'가 아니라 '수학이란 무엇으로 있을 수 있을까?'라는 가능성을 겨냥한 질문을 한다. 그는 끊임없이 움직이고 변화하는 수학을 이야기 하면서 '배움'과 '나'의 확장에 대해 생각하게 한다. 만남과 경험과 삶의 태도에 대해 돌아보게 한다.

정하얀(대전 체육고등학교 수학교사)

이런 책을 전에 본 기억이 없다. 전혀 새로운 관점이라서 끌렸다. 지금 우리가 복잡하게 익히는 수학의 대부분은 근대 서구의 수학이다. 우리는 이를 수학의 전체라고 생각하며, 매우 힘들게 배우고 있다. 이 책을 보면서 내가 공부하고 있는 것이 수학의 전부가 아니며 어쩌면 수학이 생각만큼 어렵지 않을 수도 있겠다는 생각이 들었다.

추현준(학생)

'수학' '하는' '신체'. 형식 문법상으로는 비문 같은 제목이다. 수학과 신체를 '하다'라는 동사로 연결하다니. 조급함과 과문함을 일단 멈추고 일독하면, (잘 넘어가지 않는 부분을 비록 훑어 읽을지라도) 제목의 석연찮음이 어법이나 표현의 문제가 아님을 금세 눈치챌 수 있다. 이 책은 익숙하지 않은 접근을 통해 사고 체계의 전환을 끊임없이 환기한다. 수학에 관심이나 배경지식이 없어도 읽다보면 수학의 여러 영역과 인물, 역사적 문맥을 만나며 새로운 영역의 독서를 즐기고 있는 자신을 발견하게 된다. 그러나 책을 읽는 동안 면면히 만나게 되는 것은 수학에 대한 학문적 이해와 생각의 확장 따위가 아니다. 저자가 전하는 수학이야기에 빠져 있다 보면 빗장을 걸어 잠그고 이미 알고 있던 것만을 끈질기게 붙들어왔던 의지의 주체가 나임을 확인하게 된다. 그는 기지의 세계에서 편견과 선입견만으로 인식을 재생산하는 데 익숙해진 치계에 균열을 낸다. 독자는 이 과정을 통해 자신의 인식체계를 조감하고 재건한다. 그리고 더 알고 싶어진다. 장담컨대, 읽고 나면 그 이전으로 돌아갈 수 없다.

게다가 수학을 '하다'니. 명사가 주관하는 핵심의 힘에 묶여 살아가는 현대의 우리들에게 '하다'라는 말은 어떤 의미를 가질까. 중요한 두 명사를 이어주는 연결어 이상의 의미를 찾아낼 수 있을까. 혹은 행위로서의 수학을 그려내는 접근을 용케 해내더라도 여전히 구체물을 옮기고 그리고 만지는 조작활동 그 이상의 상상이 떠오르지 않는다. 상상력의 결핍은 '신체'를 대함에 있어서도 별반 다르지 않다. 신체는 그저 심신이라 부르는 것의 한 영역이다. 나와 다른 사람을 외형적으로 구분짓는 경계로서의 몸, 혹은 나를 기준으로 주로 안쪽에 보이지 않게 위치하리라 짐작되는 마음의 영역과 견주게 되는 외부영역으로서의 몸일 테다. 그러나 신체에 대한 이런 수준의 인식은 자타의 구분 안에서, 또 피부의 경계에서 신체를 분리해낸다는 인식의 차이만 있을 뿐 모두 '나'에 고착되어 외부 실마리를 새로 보려 하지 않는다는 한계를 지닌다.

저자는 섬세하고 친절한 글투로 수학이 신체에서부터 어떻게 확장되어 왔는지 그 기원을 밝힌다. 종래에는 수학이라는 학문이 결국 정서의 세계이고 인간과 마음과 앎의 일임을 깨닫게 한다. 그에 의하면 사람은 누구나 풍경 안에서 살아간다. 물론 이때의 풍경은 단순한 배경이나 전경이 아니라 생물로서의 내력과 사회문화적 사이보그로서 인류가 살아온 거시적인 역사와 개인의 인생이라는 미시적인 시간의 축적 속에서 환세계umwelt와 협력하면서 만들어낸 것이다.

근원은 잊은 채 현존하는 윤곽에만 집중하게 하는 명사적 사고방식이나 고정된 형태로서 사물을 파악해내려는 사고의 질서에 꼼짝없이 사로잡혀 있던 우리가 수학을 통해 얻어야 할 것은 결국 사유의 길인 셈이다. 학계에 종속되지 않고 수학의 길을 자유롭고 치밀하게 찾아 나서는 저자의 행보 역시 그러한 사유의 결과일 것이다. 이 책이 좀처럼 수학과 친하지 않은 이들에게도 분명, 사유의 틀을 전환할 수 있는 지적 흥분과 체제의 외곽을 상상하게 하는 힘을 선사할 것을 굳게 믿는다.

정유숙(세종 소담초등학교 교사)

차례

여는 글

사람은 모두 오랜 옛날에 시작된 세계에 어느 날 돌연히 태어난다. 자신이 도대체 '시작'으로부터 얼마나 떨어진 곳에 있는지, 그것을 가늠하는 일조차 불가능하다.

그러던 사람이 1부터 숫자를 센다. 원점으로부터 거리를 측정한다. 가정假定으로부터 추론을 한다. 이렇게 일단 기점을 정했으면 거기서부터 확실하게 걸음을 떼어 앞으로 나아가는 것이 수학이다.

시작을 알 수 없는 세계에 던져진 신체가 우선 어딘가를 시점으로 해서 걷는다. 의지할 데도 없고 목표도 없는 세계에 태어나 언젠가는 죽는 신체가, 정확하고 틀림없는 추론을 거듭해서 수학의 세계를 구축해간다.

신체가 수학을 한다. 이 별것 아닌 하나의 일에서 나는 엄청난 가능성으로 가득 찬 모순을 본다. 기원으로까지 거슬러 올라가면, 수학은 처음부터 신체를 넘어서려는 행위였다. 숫자를 셈하는 것도 측정하는 것도 계산하는 것도 그리고 논증하는 것도 애당초 인간의 몸뚱이에는 없었던, 정확하고 확실한 지知를 추구하려는 욕구의 산물이다. 애매하고 믿음직스럽지 못한 신체를 극복하려는 의지가 없는 곳에 수학은 없다.

그런가 하면 수학은 단지 신체와 대립하기만 하는 것은 아니다. 수학은 신체의 능력을 보완하고 연장하는 행위이며, 따라서 신체가 없는 곳에 수학은 없다. 고대에는 물론이고 현대에 이르러서도 수학은 언제든 '수학하는 신체'와 함께 있다.

책을 통해서 이러한 내용을 주의 깊고 신중하게 그려나갈 생각이다. 이것은 수학에 다시 신체의 숨결을 불어넣으려는 시도다.

책을 끝까지 읽는 데 수학적 예비지식은 필요 없다. 수학이란 무엇인가, 수학에 있어서 신체란 무엇인가를 제로에서부터 다시 생각해 보는 여행일 뿐이다. 여행하는 중에 수학에 대해서, 수학하는 인간에 대해서 새로운 발견을 하거나 자각하는 기쁨을 하나라도 더 나누어 가질 수 있었으면 좋겠다.

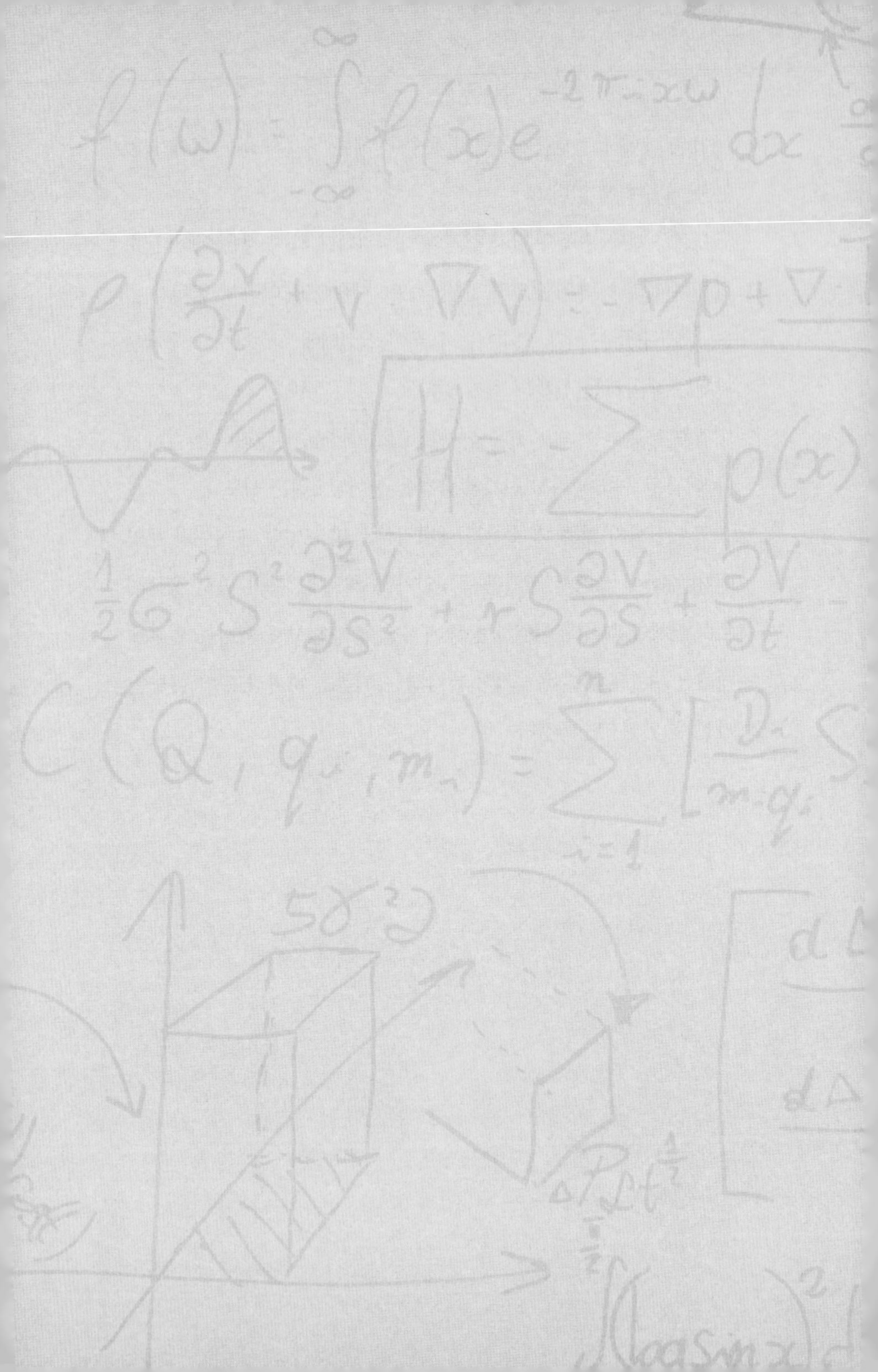

1장

수학하는 신체

우리는 수학이라는 존재에 너무 익숙해져버린 것은 아닐까?
그로 인해 수학 그 자체의 성립과
의의를 등한시하는 것은 아닐까?

— 시모무라 토라타로[1]

어릴 때부터 수학을 좋아했다. 아이들이 노는 곳에는 출입금지 표시가 많다. 바다도 부표를 넘어서 헤엄칠 수 없고 공원도 울타리를 넘어가서는 안 된다. 막다른 길이 정해진 공간에서 노는 것은 언제나 어딘가가 갑갑했다.

반면에 수학은 넓다. 어디까지나 계속 이어져서 '막다른 곳'도 '출입금지 구역'도 없다. 아무도 가본 적이 없는 곳까지 실컷 갈 수 있는 자유가 있다.

그럼에도 수학은 그저 막연하게 넓은 것이 아니라 하나하나의 숫자가 확실하게 있다.

빨간색 물감과 파란색 물감을 섞으면 매번 다른 보라색이 되고, 맑은 날 아침에 마시는 오렌지 주스의 당도도 매번 조금씩 다르게 느껴지지만 7에 8을 더하면 언제나 15고, 15는 14와 16 바로 옆에 있는데도 역시 7 더하기 8은 변함없이 15라서, 숫자의 이런 명쾌하고 치밀한 자유를 좋아했다.

사람이 숫자를 세게 된 것은 언제부터였을까?

'여기에 두 가지 물건이 있습니다.' 누군가가 이렇게 말했다고 치자. 이때 어디에 도대체 어떤 물건이 있는지는 모르지만 거기에 차이가 있다는 것, 적어도 이 말을 한 사람이 거기서 어떠한 차이를 보았다는 것은 알 수 있다.

막 태어난 아기는 엄마와 우주가 문자 그대로 일체라서 그 세계에 '차이'는 없다. 아기에게는 엄마도 자기 자신이고 모유도 그 안에서 나오는 것으로 인지된다고 하니까 말이다. 모든 차이가 생기기 이전의 단적인 존재의 충만 속을 아기는 온몸으로 돌아다니며 손과 입으로 탐색한다. 이렇게 닿는 엄마의 유방과 자신의 피부 감촉을 경험하다가 어느 날 문득 엄마가 '내'가 아니라는 것을 자각한다. 존재의 바다에 차이의 균열이 생기면서 이윽고 '나'와 '세계'가 생긴다.

수학에는 먼저 1이 있고 그다음에 2가 이어지지만, 인간의 일생이 시작될 때는 2와 1이 동시에 도래한다. 사람은 이윽고 세계를 향해서 말을 하게 된다. 낮과 밤을 구별하고, 기쁜 것과 슬픈 것을 분리하고, 여기와 저기를 나누어 부를 수 있게 된다.

말은 또 다른 말을 낳고 차이가 새로운 차이를 낳는다. 이렇게 해서 세계의 분절화는 멈출 줄 모르고 진행된다.

어느 때부터 사람은 숫자를 셈하게 되었다.

1, 2, 3, 4, 5, 6, 7….

숫자는 무한의 차이에 이름을 부여한다.

인공물로서의 '수'

신체가 경험하는 세계는 연속적이고 애매하다. 피부가 느끼는 따뜻함과 차가움, 귀로 듣는 음의 고저와 강약, 온몸으로 느끼는 기쁨과 슬픔…. 어느 것이고 다 그렇다. 이 순간부터 차갑다든지, 지금 막 기쁨에서 슬픔으로 바뀌었다든지 하는 확실한 경계가 있는 것이 아니라 약한 쪽에서 강한 쪽으로, 작은 것에서 큰 것으로 세계는 서서히 그리고 거침없이 변해간다.

언뜻 흩어져 있는 것처럼 보이는 '개수個數'에 대한 인식도 예외는 아니다. 1억 3천만 명이라거나 111개의 성냥개비라고 말하는 것은 우리가 수를 사용할 수 있으니까 그런 것이지, 수를 매개하지 않는 수량의 경험은 훨씬 더 막연하다. 111개의 성냥개비나 120개의 성냥개비는 언뜻 보기에 거의 똑같아서 둘 다 50개의 성냥개비와 비교하면 많고 200개보다는 적다는 인식을 할 수 있는 정도다. 우리가 개수의 차이를 엄밀하게 파악할 수 있는 것은 수의 도움을 빌리기에 가능한 것이지, 태어날 때부터 인간에게 그런 능력이 갖추어져 있어서 그런 것은 아니다.

'수'는 인간의 인지능력을 보완하고 연장하기 위해서 만들어진 도구다(이하 수의 도구적 측면을 강조할 때는 '수'라고 표기한다). '자연수 natural number'라는 말이 있지만 이것은 이미 어딘가에 '자연으로' 수가 존재하고 있다는 것을 의미하지 않는다. '자연'이라 부르는 것은 그것이 이미 도구라는 것을 의식하지 못할 만큼 고도로 신체화되어 있기 때문이다.

'수'로 무장하지 않은 인간은 '몇까지'라면 개수의 차이를 정확히 파악할 수 있을까?

시험 삼아 다음 그림을 봐주기 바란다(그림 1 : 조르주 이프라의 책 〈숫자의 역사〉에 나오는 그림을 참고로 작성했다). 이 그림 가운데서 슬쩍 보기만 해서 금방 개수를 알 수 있는 것은 어느 정도일까? 한 마리의 개, 두 마리의 새, 세 개의 피라미드는 별 어려움 없이 파악할 수 있을 것이다. 나무 네 그루도 그다지 어렵지 않을시 보른다. 그러나 개수가 증가함에 따라 조금씩 위태로워진다. 언뜻 보는 것만으로는 판단이 서지 않아 실제로 세어보지 않으면 자신감을 갖지 못하게 된다.

인간은 적은 수량의 물건이라면 개수를 곧바로 파악하는 능력을 가지고 있다. 빨간 것을 빨갛다고 알 수 있는 것과 마찬가지로 두 개의 물건은 두 개라는 것을 금방 안다. 심리학의 세계에서 'subitization'이라 불리는 이 능력의 배경에 있는 메커니즘은 아직 완전히 해명되지 않고 있지만, 최근의 인지신경과학 연구에 따르면 세 개 이하의 물건 개수를 파악할 때는 그 이상의 개수를 파악할 때

[그림 1]

와는 다른 고유한 메커니즘이 작동하고 있는 듯하다.[2]

인간은 여하한 방법으로 세 개 이하의 물건은 세지 않아도 그 개수를 정확하게 인식할 수 있다. 그런데 네 개 정도를 경계로 이 능력은 사라진다. 보는 것만으로는 개수를 파악하기가 어려워져서 그것을 셀 수밖에 없게 된다.

이러한 인지적 한계를 보완하기 위해서 사람은 다양한 궁리를 거듭해왔다. 가령 신체를 사용하는 방법이 있다.

양떼가 있다. 양들을 보기만 해서는 몇 마리인지 모르니까 양이 한 마리 지나갈 때마다 손가락을 하나씩 구부린다. 즉, 신체의 도움을 빌려서 양의 수를 파악한다.

그런데 안타깝게도 손가락은 양손을 합쳐야 열 개밖에 안 된다. 발가락까지 사용한다고 해도 스무 개다. 그래서 요리조리 궁리를 해서 한정된 신체로 조금이라도 많은 수를 다루려고 한다.

예를 들면 오스트레일리아의 요크 곶과 파푸아뉴기니 사이에 있는 토러스 해협 제도의 원주민은 양손뿐만 아니라 팔꿈치와 어깨, 가슴과 발목, 무릎, 허리 등 전신을 사용해서 33까지 세는 방법을 가지고 있었다(그림 2 : 조르주 이프라의 책 〈수학의 역사The Universal History of Numbers〉를 참고해서 번역·작성했다). 중세 유럽에는 두 손을 사용해서 9999까지 세는 방법이 있었다(그림 3). 그러나 신체 부위는 그 수가 한정되어 있으니 어쨌든 한계가 생긴다.

신체를 사용하는 대신에 나무와 뼈에 칼자국을 새겨서 숫자를 세

[그림 2] 토러스 해협 제도 원주민의 신체를 사용한 셈법

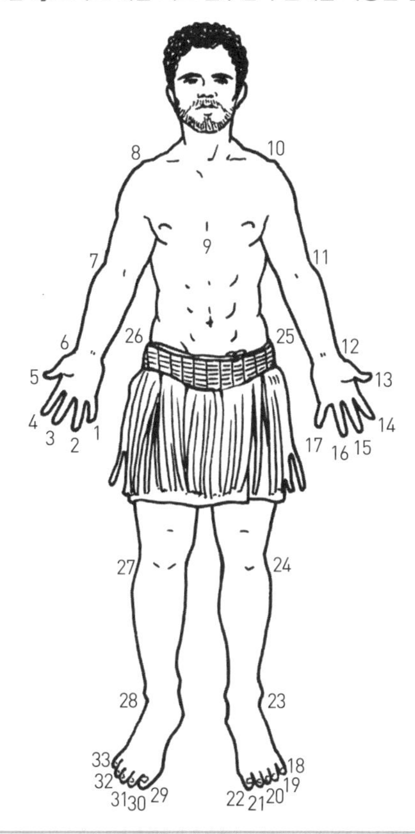

1. 오른손 새끼손가락	12. 왼쪽 손목	23. 왼쪽 발목
2. 오른손 넷째손가락	13. 왼손 엄지손가락	24. 왼쪽 무릎
3. 오른손 가운뎃손가락	14. 왼손 집게손가락	25. 왼쪽 허리
4. 오른손 집게손가락	15. 왼손 가운뎃손가락	26. 오른쪽 허리
5. 오른손 엄지손가락	16. 왼손 넷째손가락	27. 오른쪽 무릎
6. 오른쪽 손목	17. 왼손 새끼손가락	28. 오른쪽 발목
7. 오른쪽 팔꿈치	18. 왼발 새끼발가락	29. 오른발 엄지발가락
8. 오른쪽 어깨	19. 왼발 넷째발가락	30. 오른발 집게발가락
9. 가슴뼈	20. 왼발 가운뎃발가락	31. 오른발 가운뎃발가락
10. 왼쪽 어깨	21. 왼발 집게발가락	32. 오른발 넷째발가락
11. 왼쪽 팔꿈치	22. 왼발 엄지발가락	33. 오른발 새끼발가락

[그림 3] 레오나르도 피사노, 〈산반서算盤書〉(사본)의 손가락으로 셈하는 그림

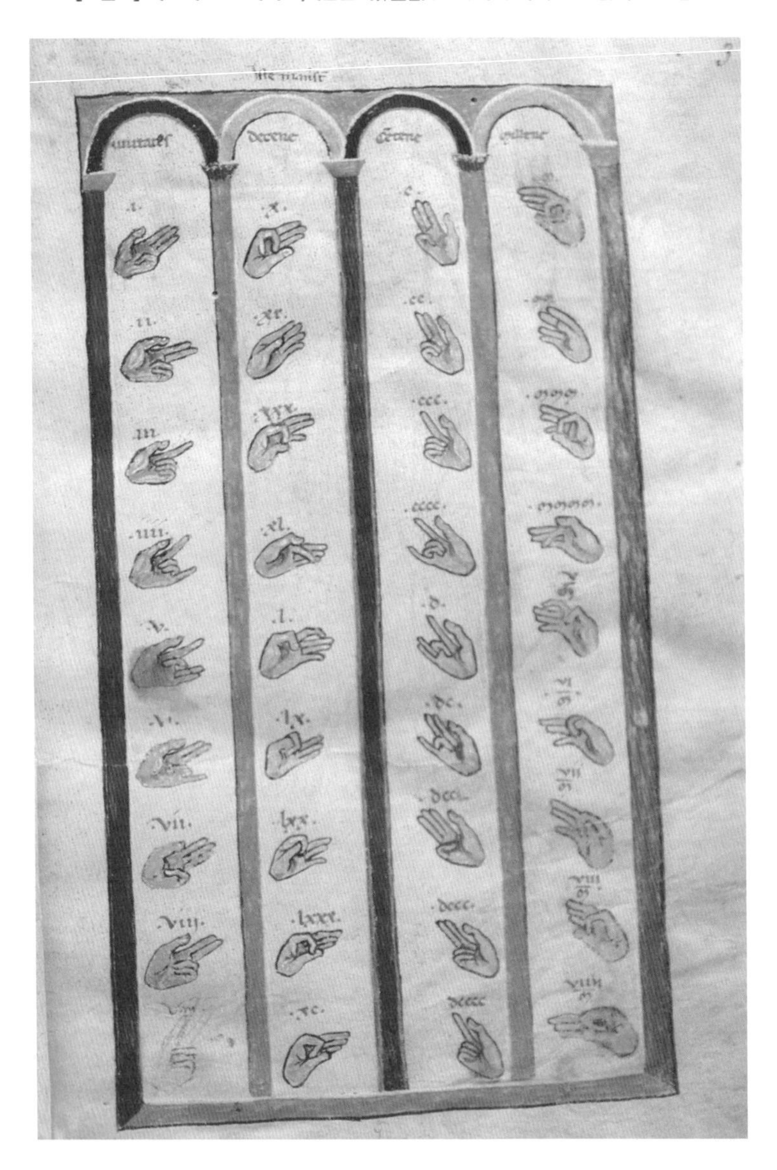

거나 기록하는 방법도 있다. 기원전 이만 년 전후의 것이라 전해지는 콩고민주공화국의 이상고Ishango 유적에서는 일정한 규칙에 맞춰서 반복적으로 칼자국을 새긴 골편이 발견되었다.[3] 물건의 힘을 빌려서 숫자를 세려고 한 먼 선조의 흔적이다.

기원전 삼천 년쯤 되면 수메르인의 손에 의해 세계 최초의 문자가 발명된다. 가장 오래된 점토판에는 수메르의 그림문자와 함께 수를 나타내기 위한 기호가 있다. 초기 문자는 이윽고 표의문자와 표음문자로 바뀌어가지만 수를 나타내는 기호는 그것을 위한 전용 기호로 남았다. 이렇게 해서 '숫자'가 탄생한 것이다.[4]

숫자의 디자인은 문명마다 다양한데, 나무와 뼈에 자국을 내거나 점토 덩어리를 나열하는 연장선상에서 1을 표시하는 기호를 두 개 또는 세 개 늘어놓아서 2와 3을 표시하는 것이 기본이다(그림 4 : 여러 문명의 숫자 표기. 고대 인도문자, 손으로 쓴 아라비아문자의 표기에 대해서는 조르주 이프라의 〈수학의 역사〉를 참조). 그렇다면 4와 5도 같은 기호를 네 개 또는 다섯 개 나열하면 되느냐 하면 그렇지는 않다. 인간의 인지능력에는 한계가 있어서 같은 기호가 네 개, 다섯 개 나열되어 있으면 정확하게 파악하는 것 자체가 꽤 힘들어지기 때문이다. 이래서는 도구로 쓰기에 효율이 떨어진다.

그래서 대부분의 문명은 4 또는 5를 경계로 독자적인 기호를 만들어내게 되었다. 예를 들어 한자의 경우에는 一, 二, 三 다음이 '四'가 된다. 로마숫자도 Ⅰ, Ⅱ, Ⅲ 다음이 'Ⅳ'가 된다. 아라비아숫자도

[그림 4] 각 문명의 숫자 표기

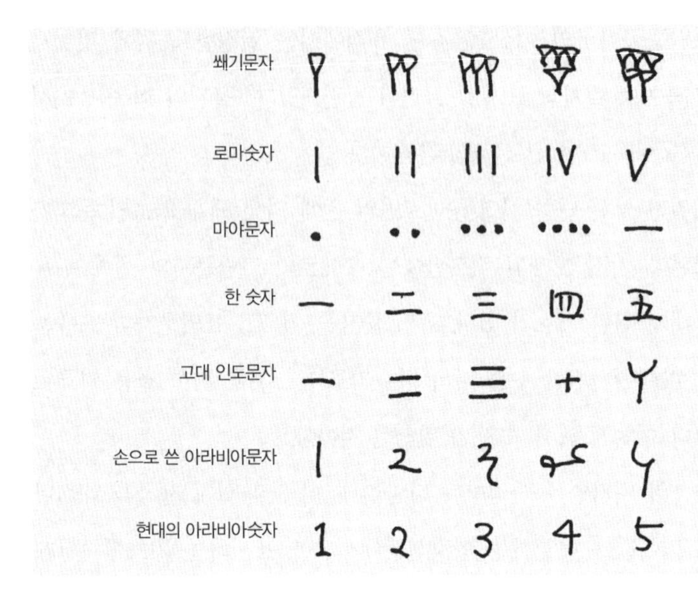

원래 인도로부터 전해온 기수법으로 2, 3까지는 한자의 二, 三과 비슷한 형태를 초서체로 쓴 것인데 '4'부터는 역시 새로운 형태가 된다. 숫자는 동서고금을 막론하고 인간의 인지적 한계를 고려해서 궁리에 궁리를 거듭한 끝에 설계되어왔다.

이리하여 신체의 각 부위와 작은 돌 같은 물건, 나아가 외부 미디어에 기록된 기호 등을 사용함으로써 흩어져 있는 수량을 파악하는 인간의 능력은 조금씩 확장되어간다.

수량의 파악뿐만이 아니다. 신체와 사물을 잘 사용하면 수량을 목적에 맞춰서 조작하는 것(다시 말해 '계산'하는 것)도 가능하다. 누구나 어릴 때 손가락을 사용해서 덧셈과 뺄셈을 했던 시기가 있을 것이다. 주판을 써서 손가락만으로는 할 수 없는 계산을 재빠르게 할 수 있었던 사람도 있을 것이다.

고대 그리스와 로마에도 산반算盤, abacus이라 불리는 계산용 도구가 있었다. 대리석 석판에 똑바로 그어진 몇 개의 선 위와 선 사이에 작은 돌을 놓고 계산하는 방식으로 된 것이다. 영어의 'calculation계산'은 라틴어 'calculus작은 돌'에서 나왔는데 이것도 이 시대의 습관에서 유래한 것이다.

사물을 사용해서 하는 계산의 약점은 과정이 사라져버린다는 점이다. 예컨대 돌을 다시 나열하면 원래의 위치 관계가 사라진다. 그래서 숫자를 사용해서 계산 과정과 결과를 기록하게 된다. 사물을 사용한 계산과 숫자를 사용한 기록이라는 도구의 역할 분담이 확립되는 것이다.

실제로 고대의 숫자는 계산 도구로는 사용하기 어렵다. 예를 들어 로마숫자로 계산하는 것을 상상해보기 바란다. 36은 'XXXⅥ', 73은 'LXXⅢ', 이 표기를 사용해서 어떻게 계산하면 곱셈 결과 'MMDCXXⅧ(2628)'을 구할 수 있는가? 시험 삼아 한번 해보면 이것이 얼마나 복잡한 작업인지 알 수 있을 것이다. 로마숫자만이 아니다. 애당초 고대 숫자는 모두 계산을 위해서 설계되지 않았다.

계산을 사물에서 해방시켜 '계산용 숫자'를 발명한 것은 인도인이다. 7세기 인도에서는 지금은 전 세계에 정착해 있는 '인도-아라비아식' 0 기호를 포함하는 자릿수 기수법을 일찌감치 도입했다고 알려져 있다.[5] 이것은 결코 자연의 선물이 아니다. 정신이 아득해질 만큼 되풀이한 시행착오의 역사를 통해서 서서히 형태가 갖추어진 인공물이다.

도구의 생태계

식칼을 제대로 사용하기 위해서는 도마와 숫돌이 필요하다. 이처럼 어떤 도구를 사용하면 그 도구를 편하게 쓰기 위해 또 새로운 도구가 생겨난다. 이렇게 상호 의존하는 도구의 네트워크, 이른바 '도구의 생태계'가 완성되어간다.

숫자의 경우도 마찬가지다. 도구로서의 숫자가 잘 다듬어져서 점점 사용하기 편리해지면 그것을 더 편하게 사용하기 위한 새로운 도구와 기술이 개발된다.

가장 알기 쉬운 사례가 초등학교에서 배우는 필산筆算일 것이다. 지금이야 초등교육을 받은 사람이라면 누구나 별 어려움 없이 두 자릿수 곱셈을 할 수 있는 시대가 되었지만 필산이 정착하기 전까지는 생각할 수 없던 일이다. 필산이 나오기 전에는 두 자릿수 곱셈 같은 건 너무나 고도의 기술이 필요한 일이라서 상당한 훈련을 쌓은 사람이 아니면 할 수 없었다.

지금 어려움 없이 그것을 할 수 있는 것은 우리가 특별히 뛰어나서가 아니라 필산에 필요한 일련의 절차가 매우 정교하게 설계되어 있기 때문이다.

36×73을 계산하는 장면을 떠올려보기 바란다. 두 자릿수끼리의 곱셈인데 필산 순서만 알고 있으면 이 과정에서 필요한 것은 한 자릿수끼리의 곱셈과 덧셈뿐이다. 한 자릿수끼리의 곱셈조차 성가셔서 일본인은 구구단을 암기한다. 이렇게 되면 쓰이는 것은 브로카 영역 Broca's area(언어의 생성 및 제어와 관련 있는 좌반구 하측 전두엽의 일부 영역-옮긴이)으로, 그다음에는 잠깐 덧셈만 하면 끝난다. 필산 절차처럼 구체적인 문제를 푸는 데 필요한 계통적 절차를 가리켜 '알고리즘'이라 부른다. 필산의 알고리즘과 뇌의 훌륭한 연계 덕분에, 지금은 누구나 쉽게 두 자릿수가 넘는 계산을 할 수 있는 것이다.

이 알고리즘 자체도 인도-아라비아 숫자가 있기에 제대로 기능하는 것이다. 앞서 진술한 것처럼 로마숫자로 필산을 하는 것은 여간 복잡한 일이 아니다. 숫자의 세련화가 없었다면 지금 우리가 알고 있는 필산의 알고리즘은 태어나지 못했을 것이다.

숫자라는 도구를 바탕으로 새로운 도구와 기술이 나오고, 그것이 다듬어지는 과정을 거쳐 또 다른 도구와 기술이 만들어진다. 이윽고 수학적 도구와 기술이 서로 협력하는 풍부한 생태계가 만들어지는 것이다.

형태와 크기

그런데 '수' 또는 그것을 표현하기 위한 숫자를 사용하는 것만이 수량에 대해 정확하게 사고하는 유일한 방법은 아니다. '수'와 숫자는 흩어져 있는 양(개수)을 파악할 때는 편리한 도구이지만 길이나 면적, 체적 같은 연속적인 양과 크기를 파악하기 위해서는 또 다른 방법이 필요하게 된다.

'수'의 학습에 앞서서 우리가 흩어져 있는 양을 견적하는 능력을 가지고 있는 것과 마찬가지로 도형의 학습에 앞서서 우리는 직선과 곡선, 길이와 넓이 등 다양한 '형태'와 '크기'를 파악하는 능력을 가지고 있다. 그렇다고는 해도 크기에 대한 인식은 아주 대략적이며, 형태도 소소한 착각으로 오인하는 경우가 있다.

그래서 몇 가지 단순한 '형태'에 대해서 그 길이와 내부 면적, 체적 등을 실용상 충분한 정밀도로 알기 위한 측량과 계산의 절차, 주어진 길이를 기초로 해서 다른 길이를 작도作図하기 위한 방법 또는 '삼평방三平方의 정리'[6]로 대표되는 도형에 대한 실용적인 지식 등이 필요했고, 조금씩 그 지식이 쌓여간다.

'수'가 '개수'를 파악하는 인간의 능력을 보완하고 연장하는 것과 마찬가지로, 도형은 '형태'와 '크기'에 대한 직관을 확장하는 중요한 도구다. '자연수'가 실은 인공물인 것처럼 직선과 원 같은 도형 또한 인간이 만들어낸 것이다. 실제로 자연계에서는 진정한 의미에서 정확한 원과 직선은 찾을 수 없다. 인공물로서 도형을 잘 조작하면 형태와 크기에 대한 정밀도 높은, 계산과 추론을 수행할 수 있다.

잘 보기

토지 측량, 달력 계산, 재산 분배 등 고대 수학은 무엇보다 먼저 일상의 구체적인 문제를 해결하기 위한 수단이었다. 실제로 바빌로니아와 이집트, 중국과 인도 등의 고대문명에서 번창한 수학은 모두 정치나 종교와 깊은 관계를 가지면서 실용적이고 실천적인 행위로 장려되었다. 다양하고 구체적인 문제를 해결하기 위한 계산 절차(알고리즘)를 개발하는 것이 수학이라는 행위의 중심이었던 것이다.

그런데 기원전 5세기 무렵 그리스를 무대로 이전까지와는 이질적인 수학 문화가 꽃을 피운다. 계산으로 문제를 해결하기보다 '증명'으로 결과의 정당성을 보증하는 절차에 중점을 둔 수학이 나타난 것이다. 그리스 수학자들은 '어떻게' 대답을 이끌어낼 것인가 하는 기술技術 이상으로 '왜' 그 대답이 옳은지를 증명하는 이론에 매달렸다. 특히 상징적인 것이 유클리드의 〈원론原論〉이다. 〈원론〉은 본디 고대 그리스 수학의 기본 명제집을 가리키는 것으로, 유클리드 이전에도 복수의 편자編者가 있었다. 지금 전해지는 것은 유클리드의 〈원론〉

뿐임에도 전13권, 500에 가까운 명제를 포함하는 거대한 저작이다.[7]

〈원론〉의 앞 여섯 권은 초등적인 평면기하와 관련한 내용을 다루고 있으며[8], 그다음은 정수론整數論(7~9권), 비공측량非共測量 분류론(10권), 입체기하(11~13권)로 이어진다.

이 책은 내용보다도 그 형식에 주목할 필요가 있다. 성서에 이어 최다로 판을 거듭한 세계적인 베스트셀러인데, 여기에는 독자의 환심을 사기 위해 아부하는 말도 없고 감미로운 문학적 표현도 등장하지 않는다. 그뿐만이 아니다. 저자의 의도나 전망, 동기조차 설명되어 있지 않다. 당돌한 정의의 나열 뒤에 오로지 증명을 동반하는 명제의 연쇄가 있을 뿐이다.

그런데 일견 무미건조하고 지루해 보이는 '정의, 공리, 명제의 연쇄'라는 특이한 기술 스타일이 이후 전 세계에 큰 영향을 미쳤고, 서구 세계를 중심으로 오랫동안 논리적 사고의 규범으로 간주되어왔다. 지금도 수학 교과서에는 정의와 공리와 명제가 있고 명제에는 증명이 따라붙는데, 이러한 기술 형식의 기원을 〈원론〉에서 찾을 수 있다.

요즘에는 수학에 증명이 따라붙는 것을 당연하다고 여기지만 직관적으로 확실하다는 생각이 들 때까지 일일이 엄밀한 논거를 부여한다는 발상은, 잘 생각해보면 일반적인 것은 아니다(근세에 〈원론〉이 한역되어 일본에 들어왔을 때는 당연한 것을 계속 설명하고 있어서 '레벨이 낮다'고 간주했다고 한다).[9]

실제로 고대 그리스의 흐름을 따르는 수학 말고는 이처럼 철저한 증명을 중시하는 '논증 수학'의 전통은 나오고 있지 않다.[10] 실천적 유효성보다 이론적 정합성을 중시하는 관점은 수학 바깥보다 수학 안으로 향하는 경향이 있다. 수와 도형도 단순한 도구 이상으로 그 자체가 이론적인 연구 대상이 된다. 수를 도구로 볼 것인가, 연구 대상으로 볼 것인가에 따라서 접근하는 방식도 달라진다.

수학과에 막 들어갔을 무렵, 과 친구들과 다 같이 술을 마시러 간 적이 있는데 그때 술집 신발장이 소수素數 칸부터 채워지는 걸 보고 깜짝 놀랐다. 소수란 1과 자신 말고는 나눌 수 없는 수를 일컫는 것으로, 이론적으로 꽤 특별한 수다.

예를 들어 6이라는 숫자는 2와 3을 곱해서 만들 수 있으므로 소수가 아니다. 소수가 아닌 수는 소수를 몇 개 곱해서 만들 수 있다. 그런데 소수는 다른 수로는 결코 만들 수 없다. 수학을 하다 보면 왠지 이런 소수에 특별한 애착이 생긴다. 수학을 좋아하는 사람이 모이면 신발장도 자연스럽게 소수의 순서대로 채워진다.

실용적으로 본다면 17과 18 중에 어느 것이 더 훌륭하고 아니고 하는 일은 없을 것이다. 그런데 이론상으로는 역시 17이 특별하다. 소수와 소수가 아닌 수 사이에 현저한 차이를 느끼는 감성은 수를 도구로 사용할 때는 쓸모없을지도 모르지만, 도구로서의 '수'도 그것을 반복해서 사용하다 보면 자연스럽게 '친근감'이 생긴다. 사용하기 위한 도구였던 '수'가 음미해야 할 대상이 되는 것이다.

예전에는 사냥과 조리 등 실용적인 목적에 쓰이던 도구들이 '보고 느끼는' 대상이 되었을 때 미술의 역사가 시작되었다고 한다면[11] 숫자와 도형이 그 자체로 '보고 느끼는' 대상이 되었을 때 수학도 드디어 문화가 되었다고 말할 수 있을 것이다.

〈원론〉에는 소수가 무수히 존재한다는 것에 대한 증명이 나와 있다. 아무리 큰 소수를 선택해도 그것보다 큰 소수가 존재한다는 것이다. 소수가 무수히 존재하는지 아닌지는 실용적인 물음이 아니다. 그러나 수의 세계를 보다 잘 '보고 느끼려' 한다면 소수가 얼마나 많고 어떻게 분포되어 있는가에 아무래도 관심이 가는 법이다. 그 해명에는 '증명'이 필요하다.

지금 당장의 유용성을 생각하는 데는 도움이 되지 않을지 몰라도 수학을 잘 '보고 느끼기' 위해서는 논리력이 필요하다. 논리에 기초한 증명을 중시하는 태도는 고대 그리스 수학의 큰 특징이다. 그런데 그들은 실용적인 계산에는 별로 깊은 관심을 갖지 않은 듯하다. 놀랍게도 〈원론〉에는 때때로 나타나는 작은 자연수를 제외하면 구체적인 수가 등장하지 않고, 따라서 이러한 수를 사용한 계산도 나오지 않는다.[12] 그 대신 철두철미한 논리로 점철된 담담한 증명의 연쇄가 있을 뿐이다.

수학을 사용해서 뭔가에 도움이 되려고 하는 의지는 배경으로 후퇴하고, 눈을 크게 뜨고 '수'와 '도형'이 만들어내는 세계를 '잘 보자'는 조용한 정열이 고대 그리스 수학을 관통하고 있다. 그러고 보면 '정리theorem'라는 말도 원래는 '잘 보다'라는 의미의 그리스어

'theorein'에서 유래했다.

자기 주변에 있는 것 포착하기

'mathematics'라는 말은 그리스어 'μαθήματα(마테마타 : 배워야만 하는 것)'에서 유래했으며, 원래는 우리가 보통 '수학'이라고 부르는 것보다 훨씬 넓은 범위를 가리키는 말이었다. 이것을 수론, 기하학, 천문학, 음악의 '4과'로 구성된 특정한 학과를 가리키는 말로 쓰기 시작한 것은 고대 그리스의 피타고라스 학파 사람들이다.

하이데거는 이 마테마타라는 말에 대해 〈근대과학, 형이상학, 수학〉(1962)이라는 제목이 붙은 논고[13]에서 흥미로운 논의를 전개하고 있다.

마테마타가 '배워야만 하는 것'이라는 의미라는 점은 그렇다 치고, 애당초 배운다는 것은 무엇일까? 하이데거는 "배운다는 것은 자신이 애당초 무엇을 갖고 있었는지를 포착하는 일"이라고 말한다. 마찬가지로 가르친다는 것 또한 단지 무언가를 누군가에게 부여하는 것이 아니라 "상대가 처음부터 가지고 있는 것을 스스로 알아차리도록 이끄는 것"이라고 말한다.

조금 어려울지 모르겠으나 나는 하이데거의 말을 다음과 같이 이해하고 있다. 사람은 뭔가를 알고자 할 때 반드시 알고자 하는 의지에 앞서 이미 무언가를 알고 있다. 일체의 지식이나 어떠한 믿음도 없이 사람은 세계를 상대할 수 없다. 그래서 뭔가를 알고자 할 때 우선 자신이 '이미 무엇을 알고 있는 것일까'를 자문하는 것. 몰랐던 것을 알고자 하는 것이 아니라 처음부터 알고 있었던 것에 대해 파악하고자 하는 것. 이것이 하이데거가 말하는 의미에서 수학적인 자세가 아닐까?

마테마타라는 말에 대한 이러한 이해에는 하이데거의 개인적인 철학이 다분히 투영되어 있다고 하더라도 여전히 시사점이 풍부한 해석이다. 'mathematics'의 정식 번역어로 '수학'이 채용된 것은 메이지 시대의 일인데, 원래 말의 배경에는 단지 '수에 대한 학문'을 넘어서는 의미의 확장이 있었던 셈이다.

만약 마테마타라는 말에 '처음부터 알고 있었던 것에 대해 알고자 한다'라는 의미가 내재해 있다면 수량과 형태에 대한 학문이 'mathematics'라 불리는 것도 납득이 간다. 이 세상의 사물에 수량과 크기가 있다는 것은 배우지 않아도 누구나 '처음부터 알고 있는' 것이기 때문이다. 그럼에도 새삼 그 수량과 크기는 무엇인가, 하고 생각해보는 것이 수학이다. 특히 고대 그리스의 수학자에게 수량과 형태는 그 자체로 연구해야 할 대상이었다. 그들은 사고의 수단으로 수와 도형을 이용했을 뿐만 아니라 도구로 사용한 수와 도형 자체에 대해서도 사고하게 되었다. 여기에 이르러서 수학은 비로소 하이데거가 말하는 것과 같은 진정으로 '수학적인' 활동이 되었다고 할 수 있을 것이다.

뇌만 갖고 이야기할 수 없다

조금 돌아가게 되겠지만 여기서 잠시 수학의 문맥을 벗어나 '인공진화人工進化'라 불리는 분야의 연구를 소개하고자 한다. 인공진화란 자연계의 진화 구조에서 착상을 얻은 알고리즘을 사용해서 인공적으로, 주로 컴퓨터의 가상 에이전트를 진화시키는 방법을 말한다.

예를 들어, 어떤 최적화 문제를 풀 필요가 있다고 치자. 일반적으로는 인간이 지혜를 짜내서 계산과 시행착오를 반복하면서 답을 찾을 터이지만 인공진화적 발상은 그렇지 않다. 먼저 무작위로 고른 해답 후보를 대량으로 생성해 컴퓨터에 입력한 뒤, 그것들 가운데서 목표에 비추어 상대적으로 우수한 해답 후보를 몇 가지 선택한다. 그리고 비교적 우수한 해답 후보를 기초로 '차세대' 해답을 생성한다.

컴퓨터에서는 모든 것이 비트열(0과 1에서 만들어지는 숫자열)로 표현되므로 이들 해답 후보 또한 비트열로 표시된다. 결국 처음으로 생성한 무작위 비트열 가운데서 어떠한 기준에 따라 보다 나은 것을 선택하고, 선택한 비트열을 '변이'시키면서 차례로 자기복제를 해나가는 것이다.

생물학적인 프로세스를 본뜬 이러한 조작을 반복해나가면 비트열을 '진화'시킬 수 있다. 어떤 목적에 맞춰서 '보다 바람직한' 숫자열을 생성해나갈 수 있는 것이다.

여기서 소개하고 싶은 것은 그런 인공진화 연구 가운데서도 조금 특이한 것으로, 영국의 아드리안 톰슨Adrian Thompson과 서섹스대학 연구팀이 한 '진화 전자공학' 연구다.[14] 통상적인 인공진화가 컴퓨터의 비트열로 표현된 가상 에이전트를 진화시키는데 비해 그들은 물리 세계에서 움직이는 하드웨어 자체를 진화시키는 시도를 했다.

과제는 음정이 다른 두 가지 부저를 구별하는 칩을 만드는 것이다. 인간이 이 칩을 설계하는 것은 그다지 어렵지 않다. 칩에 나타나는 수백 개의 단순한 회로를 사용해서 실현할 수 있다. 그런데 그들은 칩의 설계 프로세스 자체를 인간의 손을 개입시키지 않고 인공진화만으로 하려고 했다.

그 결과, 약 사천 세대의 '진화' 뒤에 무사히 과제를 수행할 칩을 얻을 수 있었다. 결코 난이도가 높은 과제는 아니라서 결과 자체는 그다지 놀랄 만한 일이 아닐지 모른다. 하지만 마지막으로 살아남은 칩을 조사해보니 기묘한 점이 있었다. 그 칩은 백 가지 논리 블록 가운데 37개밖에 사용하지 않은 것이다. 이것은 인간이 설계했을 경우, 최저한 필요하다고 여겨지는 논리 블록의 수를 밑도는 것으로 일반적으로 생각하면 기능할 리가 없는 것이다.

게다가 희한하게도 단지 37개밖에 사용하지 않은 논리 블록 가운데 다섯 개는 다른 논리 블록과 연결되지 않았다는 것을 알 수 있었다. 연결되지 않고 고립된 논리 블록은 기능적으로는 어떤 역할도 하지 않을 것이다. 그런데 놀랍게도 다섯 개의 논리 블록 가운데 어느 하나를 제거해도 회로는 작동하지 않았다.

톰슨과 그의 동료들은 이 기묘한 칩을 자세히 조사했다. 그러자 점점 흥미로운 사실이 부각되었다. 실은 이 회로는 전자電磁적인 노출과 자속磁束(자기력선속)을 정교하게 이용하고 있었다. 보통은 노이즈로 취급되어 엔지니어의 손에 의해 신중하게 배제될 노출이, 회로기판을 통해서 칩에서 칩으로 전달되어 과제를 수행하기 위한 기능적인 역할을 다하고 있었던 것이다. 칩은 회로를 통해 디지털 정보를 주고받을 뿐만 아니라 아날로그적인 정보 전달 경로를 진화를 통해 획득한 상태였다.

물리적 세계에서 진화해온 시스템에 리소스와 노이즈의 확실한 경계는 없다. 〈Whatever Works〉라는 우디 앨런의 영화(일본 개봉 당시의 제목은 〈인생 만세!〉)가 있는데, 물리 세계를 필사적으로 살아남으려는 시스템에서는 그야말로 Whatever Works, 제대로 가고자 한다면 무엇이든 가능하다는 것이다.

인간이 인공물을 설계할 때는 미리 어디까지가 리소스고 어디서부터가 노이즈인지를 확실히 정하는 법이다. 이 회로를 예로 들어 말하자면, 하나하나의 논리 블록은 문제해결을 위한 리소스이며 전자적인 노출과 자속은 노이즈로서 최대한 제외하게 될 것이다. 하지만 그것은 어디까지나 설계자의 시점이다. 설계자가 없는 상향식(bottom-up) 진화 과정에서는 사용할 수 있는 것은 구별하지 않고 무엇이든 사용한다. 그 결과 리소스는 신체와 환경으로 분산되고, 노이즈와의 구별이 애매해진다. 어디까지가 문제해결을 하는 주체이고 어디서부터가 그 환경인지 확실하지 않은 채 뒤섞인다.

물리적 세계에서 진화해온 생명 현상인 사람 또한 예외는 아니다. 자칫 인간 사고의 리소스는 두개골 안에 있는 뇌이고, 신체의 바깥은 노이즈요 환경이라고 생각하기 쉽지만, 간단한 전자 칩에서조차 문제해결의 리소스가 아주 쉽게 환경으로 새어나가고 만다. 그렇다고 한다면 40억 년의 진화 과정에서 살아남은 우리의 '문제해결을 위한 리소스'는 훨씬 더 많은 신체와 환경 여기저기에 편재해 있을 것이다.

인지를 위한 자원이 환경으로 '새어나간다'거나 '편재한다'는 것은 철학자 앤디 클락Andy Clarke이 즐겨 쓰는 표현이다. 지금 소개한 실험을 처음으로 알게 된 계기도 2011년에 도쿄대학에서 개최한 그의 강연이었다.

클락은 인지과학 분야에서 세계를 대표하는 철학자 가운데 한 사람으로, 최근 눈부시게 전개되고 있는 이 분야의 발전을 강력하게 이끌고 있다. 가령 저서 〈Supersizing the Mind〉에서 그는 "인지는 신체와 세계로 새어나간다(Cognition leaks out into body and world)"라는 인상적인 표현으로 자신의 사상을 단적으로 표현하고 있다.

인지 과정이 환경으로 '새어나가고', '스며들기' 위해서는 애당초 인지 과정이 뇌 안에 갇혀 있었다, 갇혀 있다는 전제가 필요하다. 실제로 오랫동안 마음mind이 뇌brain에 갇혀 있다고 믿어온 철학, 과학의 역사가 있기에, 클락은 인지를 그 제약에서 해방할 필요가 있었던 것이다.

그러나 마음을 뇌 안에 가두어온 것은 어디까지나 우리의 '상식'일 뿐, 인지 과정 자체는 처음부터 뇌 바깥으로 확장되어 있었다고 한다면 새어나간다거나 스며든다는 표현을 지나치게 강조하는 것은 오히려 어폐가 있을 것이다.

어쨌든 여기서 강조하고 싶은 것은 다양한 인지적 과제를 수행할 때 뇌 자체가 맡고 있는 역할이 의외로 한정적일 가능성이 있다는 것이다. 뇌가 결정적으로 중요하다는 것은 당연하다고 하더라도 작업의 대부분을 신체와 환경이 맡고 있는 경우도 적지 않다.

행위로서 수학

클락의 〈나타나는 존재〉라는 책에서 관련된 소재 하나를 더 소개하고 싶다. 이번에는 다랑어 이야기다.[15]

1995년 MIT에서는 다랑어 로봇을 만드는 프로젝트를 진행했는데 다랑어는 상상을 초월할 정도로 움직이는 속도가 빨라서 흑다랑어는 최대 시속이 80킬로미터나 된다고 한다. 다랑어의 놀랄 만한 영법泳法의 비밀을 해명함으로써 잠수함과 배를 설계할 때 활용하고자 하는 것이 프로젝트의 목표였고, 이 과정에서 흥미로운 가설이 부상했다.

다랑어는 자신의 꼬리 주위에 크고 작은 소용돌이와 수압차를 만들어내어 물 흐름의 변화를 활용해서 추진력을 얻는 것은 아닐까, 하는 가설이었다. 일반적으로 배와 잠수함에서 해수는 어디까지나 극복해야 할 장애물일 터인데, 다랑어는 주위의 물을 헤엄치는 행위를 실현하기 위한 자원으로 적극 활용한다는 것이다.

참으로 시사하는 바가 풍부한 이야기다. 주위의 환경과 대립하며 그것을 극복해야 할 대상으로 여기는 것이 아니라, 오히려 문제해결을 위한 리소스로서 행위 안으로 적극 가져왔으니 말이다. 다랑어에게 주위의 물 흐름은 운동을 위한 자원이지 장애가 아니다. 생물은 기계와 달리 환경에서 살아온 진화의 내력을 짊어지고 있다. 로봇에게 환경은 어디까지나 '해결해야 할 문제'일지 모르지만 생명은 환경을 '문제'로 정리해버리기에는 환경과 너무나 깊은 관계를 맺고 있다.

인간 또한 생물이다. 따라서 논리적인 사고와 계산을 할 때, 뇌는 자원이고 그 바깥은 노이즈라고 간단히 나눌 수 없다. 논리적인 사고든 계산이든 문자와 숫자 또는 음성언어의 사용 없이는 불가능하며,

정보의 기억과 전달을 담당하는 외부 미디어와 제도 없이는 성립하지 않기 때문이다.

다랑어가 주위의 물 흐름을 잘 이용해서 정밀한 영법을 구현하는 것과 마찬가지로, 우리 인간도 주위 환경의 힘을 잘 활용하면서 사고하고 있다. 주위 환경을 새롭게 만듦으로써 거기에 일종의 지능과 기능을 실현시킨다. 이렇게 만들어진 것의 전형이 바로 도구다. 도구는 지능과 기능을 갖춘 환경으로서 신체의 능력을 보완하고 확장한다.

앞에서 살펴본 것은 '흩어져 있는 수량을 엄밀하게 파악한다(또는 조작한다)'라는, 사람이 본래 잘 못하는 과제를 수행하기 위해 신체와 사물, 나아가 외부 미디어를 사용한 기호 체계를 도구로 이용하면서 인지 능력이 확장되어가는 모습이었다. 사람은 숫자를 비롯해서 다양한 도구를 환경 속에서 만들어내고, 이를 조작함으로써 능수능란하게 수학적 사고의 바다를 떠돌아다닌다.

그런데 숫자가 지닌 도구로서의 두드러진 성질은 쉽게 내면화된다는 점이다. 처음에는 종이와 연필을 사용하던 계산도 반복하다 보면 신경계가 훈련되어 머릿속에서 숫자를 조작하는 것만으로 수행할 수 있게 된다. 이것은 도구로서의 숫자가 점차 자신의 일부분이 되어가는, 즉 '신체화'되어가는 과정이다. 종이와 연필을 사용해서 계산하고 있을 때는 확실히 '행위'로 간주되던 것이 일단 '신체화'되고 나면 이제는 '사고'로 간주된다.

이처럼 행위와 사고의 경계는 의외로 미묘하다.

행위는 종종 내면화되어 사고가 되고, 반대로 사고가 외재화되어 행위가 되는 경우도 있다. 때때로 나는 사람의 행위를 볼 때나 내 스스로 신체를 움직이고 있을 때 문득 '움직이는 것은 생각하는 것과 닮았다'고 생각한다. 신체적인 행위, 마치 바깥으로 흘러넘친 사고처럼 여겨지는 것이다.

사고와 행위 사이에 확실한 경계를 짓기는 어렵다. 이 사실을 강조하기 위해서 지금부터는 '수학적 사고' 대신에 종종 '수학이라는 행위'라는 표현을 쓰기로 하겠다.

수학 안에서 살기

과거, 수학의 목적은 수학적 도구를 사용하여 세금 계산이나 토지 측량 등 생활 속의 구체적이고 실천적인 문제를 해결하는 것이 중심이었다. 이때까지만 해도 수학자의 관심은 어디까지나 수학 바깥의 실제 세계를 향해 있었다.

그런데 고대 그리스의 수학처럼 애당초 도구였던 수와 도형이 그 자체로 수학적 연구의 대상이 되면 사태가 조금 복잡해진다. 수학이 실제 세계에 작용하는 행위에서 수학 자신에 작용하는 행위로 바뀌는 것이다.

예를 들어 소수가 무한하게 있다는 것을 알면 그 분포가 궁금해진다. 정다면체를 발견하면 이번에는 있을 수 있는 모든 정다면체를 다 분류하고 싶어진다. 수학으로 해결해야 할 문제가 수학 안에서 나오는 것이다.

수학적 도구를 가지고 실제 세계와 마주보는 수학자의 모습은 더는 통용되지 않는다. 수학자는 수학적 도구와 기술과 무수한 정리와 지식에 둘러싸여 있다. 수학자를 둘러싸고 있는 이들 인공물의 총체는 수학자의 행위를 가능하게 하는 발판이자 수학자의 행위가 향하는 목표이기도 하다. 이것은 수학이 행위로서 전개되는 장소 그 자체이다. 수학자는 자신이 활동하는 공간을 스스로 '건축'하는 것이다.

추상적으로 말하자면 건축이란 인간의 손으로 환경의 기능을 확장하는 것이다. 그것은 도구의 사용과 마찬가지로 생명이 인지 비용을 외부화하기 위한 방법 가운데 하나인데, 도구가 신체적으로 '쥐어져 있음'으로써 직접적으로 신체를 연장하는 것과는 대조적으로, 건축은 신체가 거기에 '살고 있음'으로써 보다 간접적으로 신체의 능력을 확장한다.

수학자는 더 이상 도구를 구사하면서 물리 세계에 작용하는 자가 아니라 스스로 건축하는 공간 안에 살며 그 안을 행위하는 자가 된다. 행위가 건축을 생성하고 건축이 행위를 유도한다. 건축과 그 안에 사는 사람과의 경계는 애매해져서 혼연일체의 시스템이 형성된다.

천명을 반전하다

수학이 생성하는 '건축'은 단순히 인간의 정신을 에워싸는 안주의 공간이 아니다. 그것은 끊임없이 거주자에게 작용을 가해서 변화를 촉구하는 동시에 거기에 사는 자에 의해 새롭게 만들어진다. 그 역동적인 구조체는 거기에 사는 자와 분리 불가능한 하나의 전체를 이룬다.

내가 이러한 이미지로서 건축을 그릴 때 머리에 떠올리는 것은 아라카와 슈사쿠荒川修作(1936~2010)의 건축이다. 처음으로 아라카와와 대면한 날을 지금도 또렷하게 기억하고 있다. 그날 나는 그가 손수 만든 '천명반전주택天命反轉住宅'에서 열린 토크 이벤트에 참가했다. 이로리(농가 등에서 마룻바닥을 사각형으로 파내어 난방과 취사용으로 불을 피우는 장치-옮긴이)처럼 만든 가운데 부엌 공간에 아라카와가 앉고 우리는 그 주위의 기복이 심한 콘크리트 요철 바닥에 앉아 그의 첫 발언을 마른침을 삼키며 지켜보았다. 그러자 그는 갑자기 눈앞에 있는 수도꼭지로 손을 뻗더니 엄청난 기세로 물을 흘려보내기 시작했다. 수도꼭지에서 흘러넘치는 물을 바라보며 천천히 "레오나르도… 레오나르도는 이것을 보고… 자연이라는 것을 생각했다…." 이렇게 말했다.

아라카와 슈사쿠는 강연을 할 때 자주 레오나르도 이야기를 꺼냈다. 레오나르도 다 빈치를 말하는 것이다. 다 빈치는 자연을 보고 그것을 '새롭게 만들려고' 생각했다. 그런 의미에서 그는 최근 수백 년 동안 유일하게 성실한 철학자였으며 그 뒤로는 전멸이다. 그다음이 아라카와 자신이다. 이런 이야기 전개였던 걸로 기억한다.

어느 날 강연에서 아라카와가 "레오나르도가…" 하고, 이야기를 시작하려는데 참가자 한 명이 "디카프리오 말인가요?" 하고 물은 적이 있다. 이때 아라카와는 "뭐라고? 레오나르도가 또 있는가? 그 사람도 대단한가?"라며, 그는 몸을 앞으로 내밀고 엄청난 기세로 반문했다. 그에게는 이렇게 마음 따뜻해지는 일화가 많다.

그날의 토크쇼는 어쨌든 굉장했다. "자네들 태양이 훌륭하다고 생각하지 않나? 그렇게 훌륭한데 왜 만들려고 하지 않는가? 나는 100조 엔이 있다면 태양을 만들 거야. 두 번째 태양을 만드는 거지. 저쪽에서 태양이 지면 이쪽에서 떠오르는 거야. 그러면 어떻게 될까? 바뀌겠지" 하고 아주 기쁜 듯이 장난꾸러기 아이처럼 얼굴에 미소를 띠고, 그러면서도 강한 힘이 들어간 어조로 "바뀌지"라고 내 눈을 들여다보면서 말했다. 처음부터 끝까지 그런 분위기였다. 나는 그날 이후로 완전히 아라카와 슈사쿠의 팬이 되었다.

약간의 행운이 겹쳐서 나는 그다음 해부터 천명반전주택에서 살게 되었다. 원색을 화려하게 썼으며 바닥은 울퉁불퉁, 방을 나누는 벽도 없고, 새파란 공 모양의 방도 있는 그 건축물은 살아보니 의외로 지내기 편했다. 게다가 그 집에는 조금 독특한 '사용법'[16]이 붙어 있다. 가령 이런 것이다.

- 모든 방을 당신 자신처럼, 당신의 직접적인 연장인 것처럼 다룹시다.
- 매월 다양한 동물(예를 들면 뱀, 사슴, 거북이, 코끼리, 기린, 펭귄 등)이 되어서 건물 안을 돌아다녀봅시다.
- 건물의 산뜻한 색과 모양, 다양한 입체를 이용해서 당신 자신의 생명력을 구축하고 구성합시다.
- 매월 2시간, 마치 딴사람이 되었다고 할 만큼 당신의 작업에 완전히 몰두합시다.

사용법을 읽어보면 알겠지만 이 건축물은 결코 안주하기 위한 공간이 아니다. 오히려 모든 일상적 행위의 재구성을 부추기는 공간이라서 그곳에 사는 사람들에게 재구축과 변화를 재촉한다.

아라카와 슈사쿠는 소년 시절에 전쟁을 경험했다. 어느 날 집 근처의 의사가 사는 곳으로 운반되어 온, 부상을 입어 피투성이가 된 소녀를 자신의 팔로 안아올린 적이 있다고 한다. 괜찮은가 싶어 들여다보면서 안아올린 소녀는 머지않아 그의 팔에 안긴 채 숨을 거두었다.

아라카와는 이때 매우 큰 충격을 받았다. 그리고 '두 번 다시 이런 일이 있어서는 안 된다'고, 즉 '두 번 다시 죽음이라는 것이 있어서는 안 된다. 나는 철저하게 죽음에 항거하겠다'고 결심했다고 한다.

이런 경험을 했다고 해서 실제로 죽음에 항거하는 것을 진지하게 생각한 철학자나 예술가, 과학자는 흔치 않다. 도대체 어떻게 하면 인간은 '영원히 죽지 않는' 존재가 될 수 있을까? 아라카와는 생각했다. 우리는 '나'는 무엇인가를 제대로 알지도 못한 채 '나의 죽음'을 두려워하고 있다. 그러나 이 '나'라는 감각도 실은 신체적인 행위에 의해서 구성된 것에 지나지 않는다. 그렇다면 이것을 새롭게 구축하는 일도 가능할 것이다. 나는 여기에도 또 저기에도 있다. 여기저기 흩어져 있지 않은가. 그렇다면 나는 죽지 않은 게 아닌가.

이렇게 완전히 새로운 '풍경'을 만들어내기 위해서 새로운 행위와 그것을 만들어내는 공간을 '건축'한다. 모든 주어진 것, '나의 죽음'에까지 항거하려고 한 것, 이것이 곧 아라카와 슈사쿠의 '천명반전'이라는 장대한 시도다.

이 건축물은 겉으로 보이는 기발함 때문에 자칫 진기함을 자랑하는 아트 작품이라는 오해를 받기도 한다. 그러나 생명의 인지 과정이 신체를 넘어서 환경으로 확장되어가는 것이라고 한다면, 환경을 재구성함으로써 생명을 새롭게 만들고자 한 아라카와의 시도는 진기한 아트라고 부르기에는 너무나 합리적이다.

수학이 만들어내는 건축도 아라카와에게 지지 않을 만큼 기발하다. 울퉁불퉁한 바닥과 공 모양의 방은 없지만, 그래도 그 안에 사는 자를 충분히 동요시키고 전율시켜왔다. 아라카와 슈사쿠의 울퉁불퉁한 바닥 위를 서투르게 걷는 동안 일상의 행위 패턴이 해체되는 것과 마찬가지로, 수학하는 자 또한 일상 행위의 습관을 내려놓는 경험을 어쩔 수 없이 하게 된다. 수학은 단지 신체적인 행위일 뿐만 아니라 나날의 습관에서 동떨어진 행위인 것이다.

상식을 일탈한 행위 속에서 상식을 넘어선 '풍경'이 태어난다. 그것은 아라카와 건축의 핵심인 동시에 수학이라는 행위의 묘미이기도 하다.

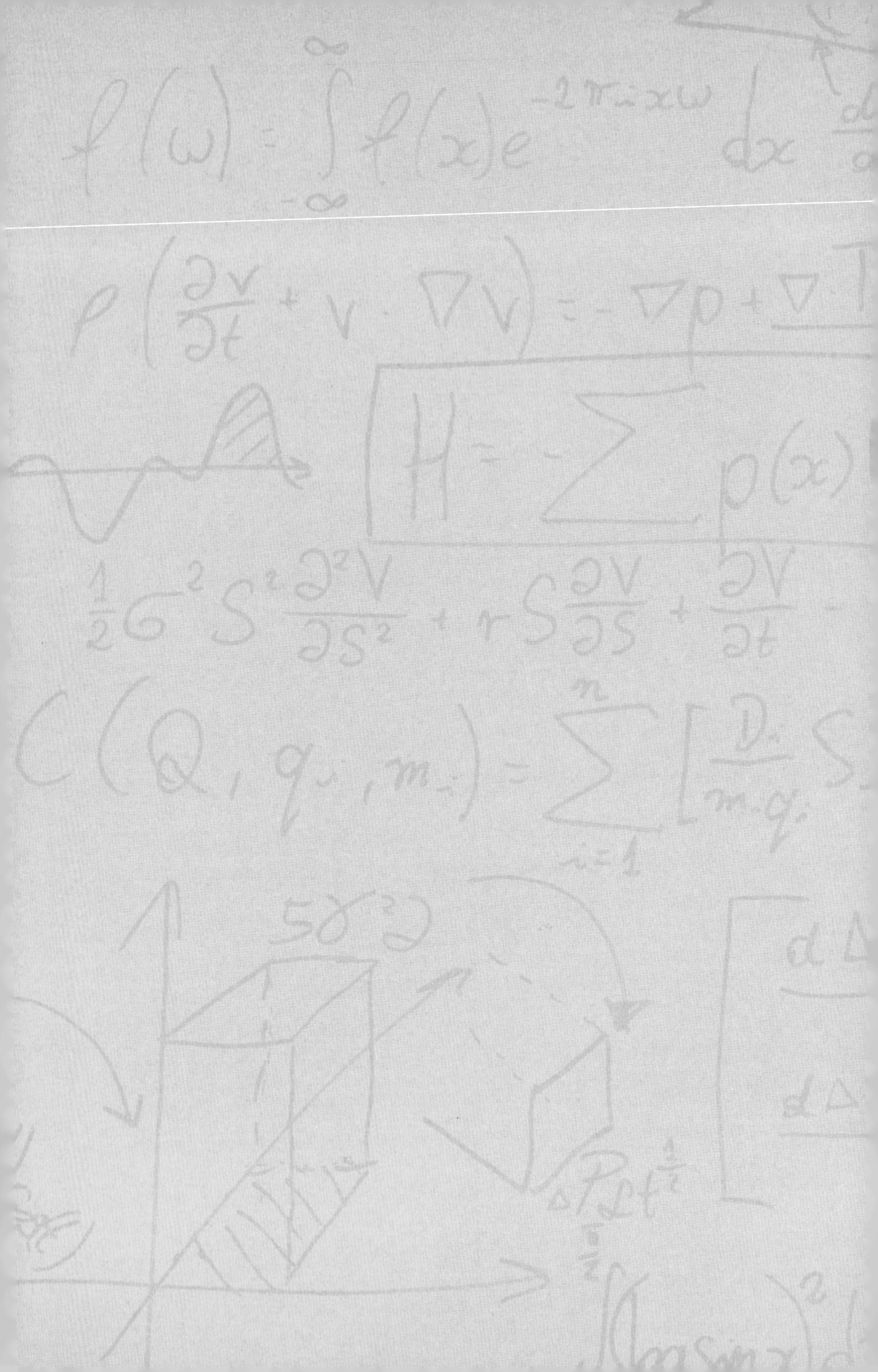

2장

계산하는 기계

과거 없이 갑작스럽게 존재하는 사람은 없다.
그 사람은 그의 과거다.
그 과거의 집약이 정서다.
그러므로 정서의 총화가 그 사람이다.[1]

— 오카 키요시

수학은 신체적 행위이자 역사를 짊어진 영위營爲다. 수학에도 수학의 '과거'가 있다. 그러나 우리가 그것을 의식하는 경우는 별로 없다.

'수학=수식과 계산'이라는 이미지를 가지고 있는 사람이 적지 않다. 실제로 학교에서 배우는 수학의 대부분이 수식과 계산이니 말이 안 된다고 할 수도 없지만, 수식과 계산을 유독 중시하는 것은 17~19세기 서구 수학 특유의 경향으로, 그 자체가 반드시 보편적인 사고방식이 아니라는 것은 그다지 알려져 있지 않다.

이미 진술한 것처럼 고대 그리스인은 기하학적 논증을 중시해서 구체적인 수치 계산을 수학에 가져오려 하지 않았고, 나중에 살펴보겠지만 현대 수학도 과도한 계산에 의존하기보다는 추상적인 개념과 논리를 중시하는 방향으로 나아갔다.

우리가 학교에서 배우는 수학은 대체로 고대의 수학도 아니고 현대의 수학도 아닌 근대 서구의 수학이다. 수학은 처음부터 지금 우리가 알고 있는 형태였던 것이 아니라 시대와 장소마다 그 모습을 바꾸면서 서서히 지금과 같은 형태로 변화해왔다.

1 증명의 원풍경

증명을 뒷받침하는 '인식의 도구'

그러면 수학은 언제부터 시작되었을까? 이 물음에 확실한 대답을 내놓기는 어렵다. '기원'으로 거슬러 올라가는 동안 점점 '수학'의 윤곽이 희미해져서 무엇을 그 '탄생'으로 삼으면 좋을지 선을 긋기가 곤란해지기 때문이다. 그러나 수학의 역사에도 그 모습이 크게 바뀌는 시기가 몇 번인가 있었던 것만은 분명하다. 그런 비약 가운데 하나가 기원전 5세기 무렵의 그리스에서 일어났다.

1장에서 이미 진술한 것처럼 고대 그리스에서 처음으로 증명이라는 문화가 탄생했다. 게다가 증명은 새로운 행위로서 그것을 뒷받침하는 새로운 '인식의 도구'와 함께 등장했다. 고대 그리스의 수학 문헌을 공들여 분석함으로써 그 사실을 선명하게 제시해서 보여준 사람은 스탠포드대학의 수학사가 리베엘 넷츠Reviel Netz다. 그의 저서 〈*The Shaping of Deduction in Greek Mathematics*〉를 읽어보면 고대 그리스에서 수학이 두말할 필요없이 '행위'였다는 걸 잘 알 수 있다.

넷츠는 먼저 그리스 수학에서 '그림diagram'의 역할에 주목한다. 고대 그리스의 수학 문헌에는 알파벳으로 설명을 단 그림이 많이 등장한다. 그 자체로 새로울 것은 없지만 넷츠는 고대 그리스 수학의 그림에는 특별한 '인식상'의 역할이 있다고 지적한다. 그 예로서 〈원론〉 제1권의 명제 38을 보자. 명제 첫머리의 '제시' 부분에는 다음과 같은 기술이 있다.

> 삼각형을 ABG, DEZ로 하고 같은 밑변 BG, EZ의 위에 있으며 같은 평행선 BZ, AD 안에 있다고 하자. 나는 말한다. 삼각형 ABG는 삼각형 DEZ와 같다.[2]

자, 이 문장을 읽고 과연 몇 사람이 이 글을 쓴 사람의 의도를 파악할 수 있을까. 문장 안에는 두 개의 삼각형이 나오는데 애당초 그들이 어떠한 위치 관계에 있는지, 문장을 읽는 것만으로는 판단이 서지 않는다. 일단 문장에서 눈을 떼고 명제 옆에 그려져 있는 그림(그림 5)을 보았을 때 비로소 저자가 의도한 상황을 알 수 있다.

이처럼 고대 그리스의 수학 문헌에는 일반적으로 명제를 기술한

[그림 5]

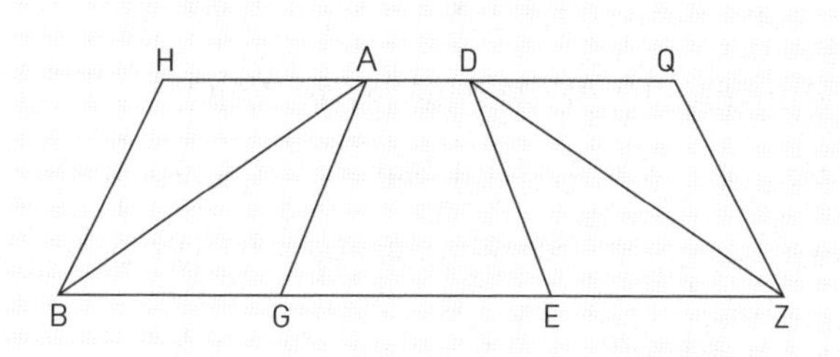

문장이 그림에 의존하고 있다. 내용적으로 자기 완결된 명제가 있고, 그것을 시각화하기 위한 보조 수단으로 그림이 있는 것이 아니라 그림 자체가 명제의 일부분을 구성하고 있다.

현대적인 평면기하학 교과서에도 명제에 그림이 딸려 있지만 그림이 없어도 명제를 잘 읽으면 거기에 쓰여 있는 설명만으로도 그림을 복원할 수 있게 되어 있다. 이 경우 그림과 명제는 서로 의존하지 않는다. 시각적인 그림에 의존하지 않고도 명제의 기술이 하나의 완결된 전체를 이루고 있는 것이다.

한편, 고대 그리스 수학에서 명제와 증명은 언어적 기술에 갇혀 있지 않았다. 명제의 주장과 증명이 언어적 기술과 그림 양쪽에 걸쳐 있었던 것이다. 여기서 넷츠는 한 가지 중대한 지적을 한다. 고대 그리스 수학에서 그림은 추상적인 수학적 대상을 표현하기 위한 수단이 아니라 그려진 그림 자체가 수학자들의 연구 대상이었던 것은 아닐까, 하고 말이다. 즉, 무언가 추상적인 '원 자체' 또는 '사각형 자체'

를 연구하기 위해서 그것들의 불완전한 상像으로서 원과 사각형을 작도하는 것이 아니라 작도된 원과 사각형 자체가 단적으로 그들의 연구 대상이었던 것은 아닐까, 하고 생각한 것이다.

여기서 고대 그리스의 철학자 플라톤을 떠올리는 사람이 있을지도 모른다. 확실히 그는 작도된 개별 그림은 그 배후에 있는 이상적인 '이데아'의 불완전한 상에 지나지 않는다고 생각했다. 그래서 영원한 실재, 진리를 중시하는 입장에서 독자적인 수학관을 제시해 후세에 막대한 영향을 끼쳤다.

그러나 플라톤은 어디까지나 철학자로서 수학을 말한 것이지, 그의 말이 당시 수학자들의 심정을 얼마나 정확히 반영했는지는 의심스럽다. 예를 들어 수학사가인 사이토 켄斎藤憲은 플라톤이 영원한 실재, 진리를 중시한 나머지 수학자들의 활동을 정당하게 평가하지 못했을 가능성을 지적한다.[3] 플라톤의 〈국가〉를 보면 소크라테스는 당시 수학자들의 모습을 두고 다음과 같이 한탄한다.

> 그들이 사용하는 말은 매우 익살스럽고 억지스러운 부분이 있다. 그들은 마치 자신들이 실제로 행위하고 있는 것처럼, 또 자신들이 하는 말이 모두 행위를 위해 있는 것처럼, '사각형으로 한다'든지 '(주어진 선상에 도형을) 첨부해둔다'든지 '첨가한다'든지 하는 식의 말투를 쓰고 있기 때문이다. 실제로는 이 학문의 모든 것이 오로지 '아는' 것을 목적으로 연구되고 있을 텐데 말이다.[4]

플라톤은 수학자들의 말투가 '매우 익살스럽고 억지스럽다'고 했는데 결과적으로 이 말은 오히려 당시 수학자들에게 수학이 행위였음을 여실히 증명해주는 것이기도 하다. 사각형으로 한다거나 첨가한다는 수학적인 절차가 수학자들에게는 마치 '실제로 행위하고 있는 것처럼' 느껴졌던 것이다.

고대 그리스 수학에서는 그림을 그리는 행위 자체가 증명 프로세스의 일부였다. 사적인 사고를 공적으로 표현하기 위해 그림이 있는 것이 아니라 사고가 처음부터 그림으로 밖에 드러나 있었다. '안다'는 것에서 '한다'는 것을 분리하려고 한 플라톤의 생각과는 반대로 수학자에게 '아는' 것과 '하는' 것은 언제나 분리하기 어려운 하나였을 것이다.

그림을 앞에 놓고 수학에 심취하는 고대 그리스의 수학자를 상상해보자. 그는 어떻게 사고하고 있을까? 그 모습은 현대의 수학자와는 상당히 다를 것이다.

애당초 종이도 연필도 없고 칠판도 분필도 없다. 확실하지는 않지만 모래와 나무 같은 것이 그림을 그리기 위한 매체였을 거라고 알려져 있다. 그려진 그림을 앞에 두고 그들은 누군가에게 말을 건다든가, 아니면 작은 목소리로 또는 큰 목소리로 중얼거리면서 수학을 하고 있었을 것이다.

고대 그리스는 이전의 '목소리 문화'에서 조금씩 '문자의 문화'로 이행하던 시기다. 확실히 수학자들도 문자를 사용해서 연구 내용을 기록하게 되었고, 덕분에 우리가 지금 그 유산을 접할 수 있는 거지만, 그럼에도 이때까지는 아직 언어는 글로 쓰는 것이라기보다 말로 하는 것이었다.

수학자라고 하면 대개 열중해서 기호와 수식을 쓰고 있는 이미지를 떠올리겠지만 고대 수학자를 상상할 때는 그 이미지를 바꿀 필요가 있다. 그들은 쓰기보다는 그리고 말하는 사람들이었다. 본디 고대 그리스에는 기호도 수식도 없었다. 그들의 사고를 뒷받침하는 테크놀로지는 겨우 '그림'과 '자연 언어'뿐이었다.

나중에 살펴보겠지만 기호를 구사한 대수代數 언어가 정비됨으로써 수학의 표현력이 비약적으로 높아지는 것은 17세기 들어서 이루어진 일이다. 고대 수학자들은 이러한 강력한 테크놀로지의 힘을 빌리지 않고 수학적 사고를 전개한 사람들이다.

기호와 수식의 부재는 수학적 사고에 상상 이상으로 엄격한 제약을 가한다. 예를 들어 지금 같으면 'A : B = C : D'라고 쓰면 끝날 것을, 그들은 'A가 B와 관계가 있는 것처럼 C가 D와 관계가 있다'고 오로지 말만을 사용해서 표현할 필요가 있었다. 고대 그리스 수학에는 비比에 대한 논의가 빈번하게 나오기 때문에 'A가 B에 대한 것처럼 C가 D에 대한다'는 구조의 표현은 증명에서 수없이 되풀이된다. 이러한 '정형 표현'이 논증을 위한 중요한 인지적 기반의 역할을 했을 거라고 넷트는 지적한다.

예를 들어 〈원론〉 제5권의 명제 16에서 현대식으로 하면 'A : B =

C : D라면 A : C = B : D'라고 쓸 수 있는 비례에 대한 기본적인 성질이 증명되어 있다. 이후로 그리스 수학자들은 논증을 할 때 다음과 같은 정형 표현에 준해서 논증을 수행하게 되었다.

> A가 B에 대하는 것처럼 C가 D에 대한다고 하자. 그러므로 또는 A가 C에 대하는 것처럼 B가 D에 대한다.[5]

이런 정형 표현이 현대의 우리라면 'A : B = C : D → A : C = B : D'라고 기호를 써서 시각적으로 표현했을 일종의 '공식' 역할을 한 셈이다. 지금이라면 기호로 비교적 간단하게 고쳐 쓸 수 있는 공식도 당시 사람들은 정형문을 써서 그 언어적 구조에 의지해 기억하고 사용할 수밖에 없었다. 현대 수학자들은 수식의 구조에 맞춰서 식을 변형해나감으로써 올바른 추론을 할 수 있지만 고대 수학자들은 글짜임의 규약에 따라 정형문을 구사함으로써 그럭저럭 올바른 추론을 효율적으로 수행하려고 했다.

어느 시대든 예외 없이 수학자들은 주위에 있는 자원을 총동원해서 수학을 한다. 고대 그리스 수학자들의 경우에는 '그림'과 '자연 언어'를 활용한 '정형 표현'이 도구였다. 이러한 도구를 구사하면서 '증명'이라는 새로운 수학적 행위의 형식을 만들어낸 것이다.

대화로서의 증명

땅바닥과 나무판에 그린 그림과 목소리 내어 한 말을 도구로 사용한 고대 그리스 수학적 사고의 대부분은 수학자의 바깥 공간에 노출되어 있다. 그것은 타자에게 열려 있는, 일종의 공공성을 띤 사고다. 과학사가인 시모무라 토라타로下村寅太郎는 그의 대표작 〈과학사의 철학〉에서 다음과 같이 말한다.

> 그리스인들에게 있어서 사유는 단순한 의식에서의 내적 사유가 아니다. 적극적으로 말하자면 독립적인 개인을 전제로 공적에 대한 사적인 사유를 허용하는 입장이 아니다. 내적으로 이루어지는 사색이 아니라 외적 표출에 대해 성립하는 사유다. 언제나 말을 가진 사유다. 더 구체적으로 말하자면 단독으로 고독하게 이루어지는 사유가 아니라 공동적이고 대화적인 사유다. 쓰는 것과 마찬가지로 사유 또는 사유법이 증명이나 논증의 형태를 취하는 것은 자연스럽고 당연할 것이다. 어쩌면 '증명'은 본디 개인이 단독으로, 사적으로, 독단적으로 사유하는 것이 아니라 공개적으로 제시하고 공공적인 승인을 요구하는 것일지도 모른다.

여기서 지적하고 있는 것처럼 '증명'은 처음부터 타자라는 존재를 전제하고 있다. 논증하는 수학자의 자세가 민주 정치에 대한 설득 자세와 겹치는 것은 종종 역사가들도 지적하는 점인데 고대 그리스에서 수학은 독백적이라기보다 대화적이며, 그것이 지향하는 바는 개인적인 납득에 그치지 않는 명제가 확실하게 성립한다는 '공공적인 승인'이었다.

고대 그리스의 수학적 사고에 '타자'가 뜻밖의 형태로 잠복하고 있다는 것을 독자적인 시점으로 주장한 헝가리의 수학사가 알패드 사보Arpad Sabo의 연구도 있다.[6] 그는 〈원론〉에 등장하는 술어의 면밀한 분석을 통해 논증 수학의 성립 배경에 '엘레아학파Zeno of Elea'의 철학적 영향이 있었던 것은 아닐까, 하는 대담한 추론을 했다.

〈원론〉은 23개의 정의定義[7]로 시작해서 명제와 증명을 열거하기 전에 몇 개의 '요청(아이테마타)'과 '공리(아쿠시오마타)'를 제시한다. 예를 들어 〈원론〉 첫머리에는 다음과 같은 요청이 차례로 열거된다.

> 다음의 내용이 요청되고 있다고 하자. 모든 점에서 모든 점으로 직선을 그을 것.
>
> 그리고 유한한 직선을 연속해서 일직선을 이루어 연장할 것.
>
> 그리고 모든 중심과 거리를 가지고 원을 그릴 것….[8]

'아이테마타'는 '공준公準'이라고 번역하는 경우도 있지만 주로 '공리公理'라고 번역하는 '아쿠시오마타'와 함께 '만인이 인정하는 보편적인 진리'라는 의미로 해석되는 경우가 많다. 예를 들어 점과 점이 있으면 그 사이에 직선을 그을 수 있다는 것은 만인이 인정하는 명백한 진리로, 고대 그리스의 수학자들은 이렇게 '의심할 여지가 없는 진리(공준이나 공리)'에서 시작하는 연역만으로 기하학을 구축하려 했다. 그런데 사보는 아이테마타나 아쿠시오마타라는 말이 지니는 뉘앙스에 주목해서 그 말의 본래 의미를 해명하려고 했다.

사보는 〈원론〉에서 거론한 '요청'이 직선이나 원의 작도라는, 일종의 '운동'과 관련된 것이라는 점에 주목한다. 그리고 〈원론〉의 저자가 이렇게 당연한 것을 특별히 '요청'하지 않으면 안 되었던 배경에 모든 운동의 가능성을 부정한 엘레아학파의 영향이 있었던 것은 아닐까, 하고 생각했다.

엘레아학파는 기원전 5세기 전반의 파르메니데스Parmenides를 시조로 하는 철학자 집단의 명칭이다. '있는 것은 있다, 없는 것은 없다'라는 파르메니데스의 형이상학은 급기야 세계는 영원불변의 존재요, 변화와 운동은 환상이라는 과격한 주장을 도출하기에 이른다.

그들이 활약한 시대에는 점과 점이 있으면 그 사이에 직선을 그을 수 있다는 것이 결코 만인이 인정하는 진리로 간주되지 않았다. 직선의 작도는 '운동'을 시사하고, 모든 운동의 가능성은 그들에 의해서 엄격하게 규탄될 것이 뻔히 보였기 때문이다.

그래서 〈원론〉의 저자는 '엘레아학파 여러분이 말씀하시는 것은 아주 잘 알겠습니다만, 여기서 일단 수학을 전개하는 데 있어서 점과 점이 있을 때는 그 사이에 직선을 그어도 될까요?' 하고, 예측되는 비판에 앞서 미리 '요청'을 해둘 필요가 있었던 것일지도 모른다고 사보는 추측했던 것이다.

사보의 가설에 대해서는 그 뒤에 몇 가지 문제 제기가 있었고, 따라서 그것을 전면적으로 받아들일 수는 없지만 〈원론〉이 타자로부터의 비판을 강하게 의식하고 쓰인 것이며 이런저런 '요청'이 불필요한 논쟁을 피하기 위해 도입된 것이라는 견해 자체는 여전히 유력하다.[9] 〈원론〉은 그 독특한 형식에 의해서 수학과 수학에 대한 철학적 논쟁을 준별하는 데도 성공했다.

이렇게 고대 그리스에서 논증 수학이 성립된 과정은 당시의 정치적, 사회적, 문화적인 배경으로부터 떼려야 뗄 수 없는 관계가 있다. 그들은 모래를 고르게 해서 그림을 그렸고, 자연 언어의 표현을 조정해서 사고를 위한 도구로 삼았으며, 설명의 형식을 정비해서 타자와 대화하는 방법으로 썼다. 미디어나 언어, 사회 등 주위의 환경 요소를 잘 활용하고 거기에 작용을 가하면서 스스로가 행위하기 쉽도록 고유의 '생태적 지위'를 그 안에서 만들어나갔다.

반대로 수학자를 둘러싼 미디어와 언어 또는 사회의 양상이 변하면 수학의 양상 또한 바뀌지 않을 수 없다. 그 과정은 점진적인 경우도 있고, 때로는 발본적인 경우도 있다. 고대 그리스에서 탄생한 논증 수학 또한 발본적인 비약 가운데 하나였다.

그 뒤 17세기 유럽을 무대로, 이에 필적할 만한 커다란 혁명이 일어난다. 그림 대신 '기호'를 전면적全面的으로 사용하게 되고, 논증 대신 '계산'을 수학의 전면前面에 내세우게 된 것이다.

2 기호의 발견

근대 서구 수학의 탄생 과정은 유럽 세계에서 오랫동안 잊고 있었던 그리스 수학의 풍부한 성과가 소생하는 '재생'의 과정 그 자체였다. 그런데 이 과정에서 그리스 수학은 본래의 모습에서 크게 바뀌었다. 그리스에서 꽃핀 풍부한 수학의 종자가 오랜 수면 끝에 서구 세계에서 다시 발아했을 때, 서구 수학의 '토양'에는 인도에서 이슬람 세계를 경유해 중세 유럽으로 전해진 '대수적代數的 사고'와 '계산'이라는 양분이 듬뿍 축적되었기 때문이다. 같은 종자라도 토양이 다르면 피는 꽃의 모습도 저절로 달라진다. 그 결과, 그리스 수학의 종자에서 그때까지 아무도 본 적이 없는 새로운 모습의 수학이 꽃피었다.

알자부르

고대 그리스 문명이 쇠퇴한 뒤, 그 수학적 유산의 최대 계승자가 된 것은 아바스왕조(750~1258) 하의 이슬람 세계였다. 그들의 수학은 고대 그리스의 학문적 유산을 계승했을 뿐만 아니라 바빌로니아와 인도 등 주변 지역으로부터 다양한 수학적 전통을 흡수했고, 이들을 받아들일 만한 깊은 품을 지니고 있었다.

이미 진술한 것처럼 고대 그리스 수학의 가장 큰 특징은 실천보다 이론을 중시하고 계산보다 기하학적 논증을 중시하는 자세였다. 그런데 인도를 기원으로 하는 수학은 실용적인 관심 속에서 계산을 중시하는 경향이 강했다. 이들의 서로 다른 전통이 이슬람 세계에서 혼합된 결과 실천성과 이론을 겸비하게 되었고, 수와 기하학 양쪽에서 독자적인 수학 문화가 자라났다.

알 콰리즈미al-Khwarizmi(780년 무렵~850년)[10]는 초기 아라비아 수학을 대표하는 수학자다. 그의 〈인도 수학에 의한 계산법〉은 인도에서 태어난 '산용算用 수학'과 그 사용법을 이슬람 세계에 소개한 역사적으로 중요한 책이다. 게다가 〈자부르와 무카바라의 서〉라는 책은 '알자부르Al-jabr'라 불리는 세계적으로 독보적인 아라비아 수학의 탄생을 알린, 역사상 의미가 큰 작품이다.[11]

대수代數를 의미하는 라틴어 '알지브라Algebra'도 이 '알자부르'에서 유래했다. 알자부르가 지향하는 것은 미지수를 포함하는 식을 풀기 쉬운 형태 또는 이미 푸는 방법을 알고 있는 형태로 가져오기 위한 기계적 절차(알고리즘)를 고안하는 것, 나아가 그 절차의 정당성을 기하학적인 수단으로 증명하는 것이다. 여기에는 실천적 문제해결에 대한 관심과 이론적 논증에 대한 관심이 공존한다.

12세기에 유클리드의 〈원론〉과 함께 알 콰리즈미의 저작들도 아라비아어에서 라틴어로 번역되어 이윽고 유럽 세계에도 인도-아라비아식 계산법과 알자부르의 전통이 이식된다. 곧바로 받아들여지지는 않았다. 유럽의 학자들은 대수적 계산을 어디까지나 비학문적인 기술로 간주했으므로, 동방에서 온 새로운 수학도 처음에는 주로 상인들 사이에 퍼졌을 뿐이다. 알자부르 수학과 그리스에서 전해진 이론 기하학이 유기적으로 결합함으로써 근대 서구의 수학이 탄생했지만, 각기 다른 문화의 명실상부한 융합이 실현되기까지는 아직 긴 시간을 기다려야 했다.

기호화하는 대수

14세기에는 이탈리아 각지에 '계산 수학'이라는 서당풍의 학교가 생겨서 계산 교사가 계산 책을 교과서 삼아 아이들에게 계산법과 대수적 사고방식을 가르치게 된다. 이렇게 중산 계급을 중심으로 수를 다루는 실천적 기술이 침투하고, 아라비아식 대수의 사고방식도 정착한다. 게다가 상업 경제의 발전이 알프스 산맥을 넘어 북쪽으로 파급해나가면서 이와 연동하듯이 계산과 대수적 사고의 문화가 유럽 전체에 전해졌다. 이것이 나중에 근대 수학의 탄생으로 이어지는 풍부한 토양을 마련해주었다.

그런데 알자부르와 현대의 우리가 알고 있는 '대수' 사이에는 한 가지 결정적인 차이가 있다. 알자부르는 적어도 12세기 이전에는 일체의 기호가 없는 상태였다. 즉, 완전히 자연 언어만으로 전개되었다.

특히 1차 미지수를 나타내는 데 사용한 '샤이(물건)'라는 말이 이탈리아어에서는 '코사cosa', 독일어에서는 '코스coss'라고 불렸기 때문에 이탈리아를 경유해 서구로 전승된 알자부르는 '코스 기법'이라 불리게 되었다.

처음에는 어디까지나 실용적인 관심에서 배우던 당시의 대수학이지만, 3차방정식과 4차방정식의 일반 해법을 공표한 지롤라모 카르다노Gerolamo Cardano(1501~1576)를 필두로 한 훌륭한 수학자들의 손에 의해 일급의 수학적 성과를 거두자 결국 서구 세계에서도 정통 학문으로 인식하게 된다. 이 과정에서 코스식 대수는 계산 교사와 수학자들에 의해 조금씩 바뀌었는데, 미지수에 생략 기호를 사용하거나 연산에 특정한 기호를 할당하게 된 것이다.

16세기에는 활판인쇄 기술의 보급에 힘입어 기호법의 통일이 이루어져 우리가 지금 사용하고 있는 더하기, 빼기, 곱하기, 루트 같은 익숙한 기호가 갖추어졌다.

그때까지 전 세계 수학자들이 '=' 같은 기호도 없이 수학을 했다는 것을 당장 믿기는 어려울 것이다. 하지만 이런 기호의 발안자인 로버트 레코드Robert Recorde는 그의 저서 〈지혜의 숫돌〉(1557)에서 '~과 똑같은'이라는 말을 이백 번 가까이 반복하고 나서야 드디어 '='이라는 기호를 사용하면 그 장황한 말의 반복을 피할 수 있다는 것을 깨달았다고 밝힌다.[12] 좀 더 빨리 깨달았으면 좋았겠지만 이는 지금이니까 할 수 있는 말일 뿐, 당시의 수학은 그만큼 자연 언어에 구속되어 있었다.

기호화를 더욱 철저히 진행해서 대수를 기호 조작에 의한 '일반식'의 연구 수준으로까지 다듬은 사람은 프랑스의 수학자 프랑수아 비에트François Viète(1540~1602)다. 비에트가 태어났을 무렵에는 미지수를 기호로 나타내는 일은 있어도 기지수既知數를 기호로 나타내는 일은 없었다. 예를 들어 '$3x^2+2x+1=0$'이라는 방정식에서 3과 2와 1은 '기지수'고 x는 '미지수'다.

미지수는 방정식을 풀어서 구해야 하는 수로, 문자 그대로 '아직 알려져 있지 않은 수'라서 여기에 당장 기호를 부여하는 것은 자연스러운 발상일 것이다. 하지만 이미 알려져 있는 수를 새삼 기호로 변환하는 데는 언뜻 의미가 없어 보인다. 그러나 이것은 획기적인 일이었다.

고등학교 교과서에 반드시 나오는 '$ax^2+bx+c=0$'이라는 식을 떠올려보자. 여기서는 앞에서 나온 3과 2와 1 등 구체적인 수(기지수)

가 a, b, c라는 기호로 바뀌어 있다. 이것을 처음 실행한 사람이 바로 비에트다. 이로써 얻은 것이 '모든 2차방정식'을 대표하는 2차방정식의 '일반식'이다.

비에트 자신은 미지수를 나타내는 데 주로 대문자의 모음을 사용하고, 기지수를 나타내는 데는 대문자의 자음을 사용했다. 표기법은 지금과 다르지만 그는 기지수에도 기호를 부여함으로써 처음으로 '일반식'이라는 개념에 도달한 것이다.

이로 인해 대수는 개별 방정식뿐만 아니라 '어떤 성질을 가진 방정식 전체(예를 들면 '2차방정식 전체')를 수학의 대상으로 다룰 수 있게 되었다. 그리고 그 결과 일반식에 대한 '해解의 공식'을 끌어냄으로써 두 번 다시 개개의 방정식을 풀기 위해 머리를 번잡하게 할 필요가 없어졌다. 기호에는 이렇게 수학의 배경적인 구조와 방법 자체를 추출하고 대상화하는 힘이 있다. 비에트는 이를 충분히 자각하고 있는 수학자였다.

그는 스스로 정비한 새로운 기호대수의 언어를 '대수해석代數解析'이라 부르고, 저서 〈해석 기법 서론〉(1591)의 마지막 장에서 '내 해석법으로 풀 수 없는 문제는 없다(Nullum non problema solvere)'[13]고 자신만만하게 선언했다. 기호의 힘을 총동원함으로써 수학은 새로운 시대로 돌입했다. 문제를 하나하나 푸는 것이 아니라 '모든 문제를 해결한다'는 비에트의 기개가 전해지는 대목이다.

이렇게 완성한 새로운 기호대수의 언어를 사용해서 고대 그리스 수학의 '부흥'이 본격적으로 이루어진다. 비에트와 데카르트가 유클리드의 〈원론〉과 디오판토스의 〈수론〉을, 또 데카르트와 페르마가 아폴로니오스의 〈원추곡선론〉을 대수적인 언어를 사용해서 차례로 다시 써나갔다. 기하학을 중시한 그리스 수학의 전통이 아라비아류의 '알자부르'에서 유래한 대수적 언어를 매개로 훨씬 더 계산이 주체가 된 수학으로 다시 태어나고 있었다.[14]

보편성의 희구

'모든 문제를 해결한다'는 비에트의 정신을 철저히 계승해서 모든 문제를 해결하기 위한 보편적인 방법을 추구한 사람이 '근대 철학의 아버지'라 불리는 데카르트(1596~1650)다.

생전에 발표하지 않은 〈정신 지도의 규칙〉에서 '사물의 진리를 탐구하려면 방법methodus이 필요하다'고 기술한 데카르트는 기호화한 대수를 통해 진리를 탐구하는 방법적 규범을 찾아내서 의식적으로 대수적 사고를 훈련하는 데 자신의 젊은 시절을 할애했다.

그 성과는 마침내 〈방법 서설〉의 본론 일부를 구성하는 〈기하학〉(1637)으로 결실을 맺는다. 이 책을 펼치면 미지수에 모음을 사용하고 기지수에 자음을 사용한 비에트와 달리 미지수에 x, y, z, 기지수에 a, b, c 등을 사용하는 익숙한 표기가 눈에 들어온다. = 대신 ∞를 사용하는 등 지금과는 다른 부분도 있지만 기호대수의 표기법을 현재와 거의 같은 형태로까지 세련화한 사람은 데카르트다.

이보다 더 중요한 것은 그가 기호대수의 힘을 빌려서 고대 그리스 이후의 기하학적인 문제를 통일적으로 해결하기 위한 방법을 개발했다는 것이다. 예를 들어 작도 문제를 풀 때 시행착오를 반복하면서 단계적으로 작도를 실현하는 것이 아니라 만약 작도가 완성되었다면 그 작도에 필요한 선분에(그것이 미지든 기지든 상관없이) 미리 기호를 할당해버리는 것이다. 이렇게 한 상태에서 이들에 의해 표시되는 양量 사이에 성립하는 관계를 구하는데, 특히 같은 양을 다른 방식으로 표현할 수 있으면 두 개의 양이 등호로 묶인 '방정식'을 구할 수 있다. 그러면 원래의 작도 문제는 이에 대응하는 방정식을 푸는 대수적인 문제로 환원된다. 기하학적 문제를 대수적인 계산으로 환원하는 일련의 절차는 고전적인 기하학 문제를 통일적으로 해결하는 보편적인 방법이 되었다.

이에 따라서 기하학에서 문제의 설정 방식 자체가 크게 바뀌었다. 그때까지 기하학 문제는 어디까지나 개별의 도형에 관련한 것이었는데, 데카르트의 방법으로 보다 보편적인 문제의 설정이 가능해진 것이다. 예를 들어 그는 〈기하학〉에서 '자와 컴퍼스를 유한 횟수 사용함으로써 풀 수 있는 작도 문제는 어떠한 특징을 갖는가'라는 질문을 던지고 이에 대한 해답을 제공한다. 개개의 작도 문제를 푸는 것이 아니라 작도에 대해 수학적으로 연구하는 방법을 고안해낸 것이다.

하나하나의 문제를 두고 그것과 일일이 격투를 벌이는 것이 아니라 한 발 물러선 시점에서 문제의 성질 자체를 연구하는 것. 애당초 어떤 방법 아래에서 어떤 문제가 풀리고 어떤 문제가 풀리지 않는지를 확실히 해두는 것. 어떠한 상태에서 풀리는 문제에 대해 일반적인 해답을 도출하는 것. 과거의 수학자들이 크든 작든 임기응변으로 문제와 씨름했다면, 데카르트가 목표로 한 것은 보다 조직적이고 계획적인 수학이었다.

이런 의미에서 〈기하학〉은 근대 서구 수학의 정신을 상징하는 작품이라 할 수 있다. 수학자들은 그림과 정형문을 이용한 논증 대신에 기호를 이용한 대수적 계산이라는 강력한 수단을 손에 넣었고, 수학에 대한 보다 보편적인 시좌視座를 획득했다. 이것은 고대 그리스에서 논증 수학을 발명한 것과 어깨를 나란히 하는 수학사의 커다란 사건이었다.

'무한'의 세계로

17세기 후반이 되면 비에트와 데카르트가 확립한 새로운 기호대수의 언어를 익힌 신세대 수학자 뉴턴(1642~1727)과 라이프니츠Leibniz(1646~1716)가 각각 독립적으로 미적분학의 기초를 세운다. 그들은 개개의 도형에 대해 접선을 긋거나 면적을 구하는 방법을 찾는 대신 방정식으로 나타난 일반 곡선의 접선과 밑 면적을 구하는 대수적 알고리즘을 고안해낸다. 게다가 접선법과 구적법求積法의 조작이 마침 서로 반대 관계에 있다는 것을 밝혀내는데, 오늘날 '미적분학의 기본 정리'라고 불리는 이 발견이야말로 미적분학의 탄생을 알리는 획기적인 사건이었다. 이후 대수적 계산이 미치는 범위는 데카르트가 고안한 '유한'의 세계를 넘어 '무한'의 세계로까지 확장된다.

라이프니츠의 미적분학에 감추어진 의의를 가장 먼저 간파해서 세상에 널리 알린 사람은 스위스의 베르누이 형제이며, 그중 동생인 요한 베르누이Johann Bernoulli에게 수학을 배운 사람이 18세기 최고의 수학자로 꼽히는 레온하르트 오일러Leonhard Euler(1707~1783)다.

'사람이 호흡을 하듯이, 매가 바람에 몸을 맡기듯이'[15] 계산을 했다고 알려진 오일러는 기하학적인 그림 대신 '함수'를 수학의 중심에 두고 현재까지 이어지는 미적분학의 기본적인 이론을 거의 대부분 발견했다.

시력을 완전히 잃은 만년에도 창조에 대한 오일러의 의욕은 사그라들지 않아서, 그의 연구 영역은 해석학 외에도 역학과 수론 등 다방면에 걸쳐서 데카르트와 라이프니츠와 뉴턴에 의해 정비된 대수적 계산 방법의 위력을 뚜렷하게 보여주었다.

고대 그리스인처럼 그림을 그리면서 엄밀한 논증을 쌓아나가는 대신에 17, 18세기 수학자들은 기호와 계산의 힘을 빌려서 독창적인 수학의 세계를 종횡무진 개척해나갔다.

'의미'를 넘어서기

과거에는 그림과 자연 언어에 의한 논증에 의지했던 수학이 이제는 수식과 계산에 의해서 이루어지게 되었다. 수학을 지탱하는 도구와 언어가 변화함에 따라서 수학의 모습도 크게 바뀌었다.

기하학적인 그림은 컴퍼스와 자를 사용하고, 모래나 종이 위에 필기구를 써서 표시되었다. 이 '작도'라는 행위는 물론 물리 세계의 제약을 받는다. 따라서 물리적으로 있을 수 없는 그림을 작도하는 것은 당연히 물리적으로 불가능하다. 이것은 고대 그리스인의 수학적 사고에 가해진 커다란 제약이었다.

반면 기호를 사용한 계산에서 기호의 조작은 물리 세계의 법칙에 제약을 받지 않는다. 계산의 규칙만 정확히 지키면 물리적으로 있을 수 없는 결과도 간단히 도출할 수 있다.

예를 들어 '허수'라 불리는 수가 있다. 허수란 제곱을 하면 -1이 되는 수를 가리키는데, 그냥 생각하면 그 '의미'를 잘 알 수 없다. 어떤 수도 제곱을 하면 0 이상이 되지 않는가. 제곱을 하면 마이너스가 되는 수가 도대체 어디에 존재한단 말인가.

그런데 안다, 모른다와 관계없이 수식을 변형하다 보면 허수가 나오는 경우가 있다. '모른다'는 것은 어디까지나 사람 쪽 문제일 뿐, 수식은 아무렇지도 않다는 듯이 그 존재를 주장한다.

기호를 사용하면 종종 이런 일이 일어난다. 계산을 하는 동안에 의미를 알 수 없는 것이 나오기 마련인 것이다. 작도를 사용하는 추론 과정에서는 사고와 의미가 나란히 달리지만, 수식을 계산하다 보면 의미가 방치되는 경우가 있다. 그래도 의미가 나중에 따라붙으면 문제는 없다.

실제로 지금 $\sqrt{-1}$의 존재를 의심하는 수학자는 없을 것이다. '허수'라는 불명예스러운 이름이 붙어 있기는 하지만, 그 존재를 빼놓고서 현대 수학은 성립하지 않는다. 처음에는 직관을 배반하는 대상이라도 계속 사용하다 보면 점점 존재감을 띠며 의미와 유용성을 가지게 된다. 이렇게 조금씩 수학의 세계가 확장되어간다.

'기초'의 불안

그렇다고는 해도 데카르트와 라이프니츠와 뉴턴이 만들어낸 근대 수학이 아직까지도 고대 그리스 수학의 전통성을 강하게 남겨놓고 있는 것 또한 사실이다.

데카르트에게 대수적 계산의 대상은 어디까지나 구체적인 기하학상의 '양量'이었다. 그가 ab라고 쓸 때는 머릿속에 길이 a의 선분과 길이 b의 선분을 바탕으로 해서 길이 ab의 선분을 작도하는 프로세스가 떠오른다. 그의 대수를 떠받치고 있는 것은 어디까지나 소박한 기하학적 직관이었으며, 현대의 대수학자처럼 기하학적 문맥에서 해방된 추상적인 기호의 체계를 생각하는 것이 아니었다. 그렇기에 그는 허수의 존재를 받아들일 수 없었고, 방정식의 부負의 해답조차 인정하려고 하지 않았다. 길이가 허수인 선분이나 길이가 음수 값을 가진 선분 따위, 직관적으로는 있을 수 없기 때문이다.

데카르트가 한 작업의 연장선상에서 전개된 라이프니츠와 뉴턴의 미적분학에서도 사태는 그리 다르지 않았다. 미적분학을 지탱하는 기본적인 개념의 대부분이 변함없이 소박한 기하학적 직관에 의지하고 있었다. 수학은 기호의 힘을 손에 넣기는 했지만 아직도 물리적·기하학적 직관에서 자유롭지 못했다. 그렇다고 실제로 큰 문제가 발생하는 일은 없었다. 기하학적 직관에 의지하는 미적분학이 고전역학을 전개해가는 데 있어서 충분한 '엄밀함'을 가진다는 것은 무엇보다 18세기 수학의 화려한 성과가 증명한다.

그런데 19세기에 들어오면 기호와 계산의 힘에 이끌려서 분방하게 발전해가는 수학을 그 기초부터 고치려는 움직임이 나타난다. 무엇보다 미적분학의 발전에 의해 고대 그리스인이 신중하게 회피해온 '무한'과 관련된 논의가 수학의 중심 무대에 등장하는 바람에 소박한 직관에만 의지하고 있을 수 없게 된 것이다. 전통적인 기하학은 어디까지나 유한한 확장을 가진 도형을 대상으로 하고 있었고, 애당초 인간이 경험할 수 있는 세계는 유한하다. 하지만 이런 경험 세계의 유한성을 가볍게 넘어서서 무한 세계에 육박하는 표현력이 기호와 수식에는 있다. 새로운 시대의 수학을 지탱하기 위해서는 인간에게 본디 겸비된 물리적·기하학적 직관을 대신할, 보다 견고한 수학의 '기초'를 처음부터 구축할 필요가 생긴 것이다.

이러한 상황에 대응하고자 볼차노Bolzano와 코시Cauchy, 바이어슈트라스Weierstrass 등 19세기 수학자들은 '해석학의 엄밀화'를 진행한다. 이 과정에서 '극한'이나 '연속성' 등 정의가 애매한 채 방치되었던 몇 가지 개념을 가능한 한 직관에 의존하지 않고 엄밀하게 정식화하는 시도를 하게 된다.

개념의 정치화精緻化는 수학을 연구하기 위한 도구를 점점 예리하게 만들었다. 그때까지의 수학자가 수학의 세계를 육안으로 보았다고 한다면 19세기 수학자들은 현미경을 통해서 더 미세하고 자세하게, 그때까지 놓치고 있었던 디테일까지 관찰할 수 있게 되었다.

여기에는 종종 우리의 눈을 의심할 만한 광경이 펼쳐지는 일도 있었다. 가령 '어떤 점에서도 접선을 갖지 않는 연속 함수' 같은 '병리적인' 함수가 발견되었을 때 에르미트Hermite는 '무서워서 벌벌 떨며 눈을 돌리고', 푸앵카레Poincaré는 '직관은 어떻게 우리를 무색하게 만드는가'라고 자문하며 당혹감을 감추지 못했다.[16]

수학자가 눈을 크게 뜨고 수학을 보다 극명하게 파악하려고 하면 할수록 거기에는 직관을 배반하는 현상이 나타났던 것이다. 그러면 수학자들은 스스로의 직관이 엉성하고 불완전하다는 것을 알고 그것을 증명의 수단으로 삼기에는 부족하다는 것을 깨닫는다. 무한을 다루는 섬세한 논의를 엄밀하게 수행하기 위해서는 '극한'이나 '연속성' 등의 개념을 재고하는 것만이 아니라 수학을 근저에서 지탱하는 '수'의 개념과 수학에서 이루어지는 추론 자체를 근본적으로 성찰할 필요가 생겼다.

다른 한편으로, 수식과 계산을 중심으로 한 수학은 계산이 복잡해짐에 따라 점점 한계에 다다랐다. 19세기에는 가우스Gauss와 야코비Jacobi, 쿠머Kummer 등 오일러의 뒤를 잇는 계산의 명수가 여럿 출현했지만 그만큼 수식이 길고 복잡해져서 손 계산으로는 더 이상 따라갈 수 없는 지경에 이르렀다.

여기서 계산 대신 창조적인 '개념concept'을 도입함으로써 과잉된 계산 과정을 축약하고자 하는 수학자들이 등장하기 시작한다. 특히 리만Riemann과 데데킨트Dedekind를 필두로 한 19세기 중반의 독일 수학자들은 수식과 계산의 시대에서 개념과 논리의 시대로 방향을 전환하려 했다.

그들은 구체적인 수와 수식과 그 계산보다는 배경으로 물러난 추상적인 개념의 세계로 자유롭게 비상하려 했다. 리만은 함수의 '어머니와도 같은 대지'[17]로서 '리만 면面'이라는 개념을 도입해서 구체적인

식에 구속되지 않는 함수론을 전개했고, 데데킨트는 특정한 수를 사용하지 않고 정의할 수 있는 '아이디얼ideal'이라는 개념을 도입하여 대수적 정수론의 현대적인 기초를 구축했다.

물론 자기 마음대로 무엇이든 도입할 수는 없는 노릇이므로 새로운 개념을 도입하기 위해서는 나름의 근거가 필요했다. 그래서 개념을 도입할 때 그것을 기존의 수학적 대상의 '집합'으로 정의하는 접근 방식이 태어난다. 미지의 개념도 이미 알려진 대상의 '모임'으로 정의할 수 있으면 그러한 '모임'을 다루기 위한 일반 이론(다시 말해 '집합' 이론)을 사용해서 누구라도 그것을 똑같은 규칙에 따라 조작할 수 있게 된다. 당초에는 개인의 마음속에 떠올랐을 뿐인 개념이 구체적인 집합으로 정의됨으로써 만인의 공유재산이 되는 것이다.

이를 위해 개념을 중시하는 수학의 전개와 아울러 집합 이론의 정비가 진행되었다. 그 개척자 역할을 맡은 것이 데데킨트다. 그는 쿠머가 연구의 필요에 쫓겨 도입한 '이상의 세계에 존재하는 수'로서 '이상수理想數'라는 개념을 '아이디얼'이라는 구체적인 집합으로 실현함으로써 여기에 확고한 '존재'를 부여하려고 했다.

엄밀한 개념의 정식화를 위해, 과잉된 계산을 피하고 수학의 생산성을 높이기 위해, '집합'이 수학을 지탱하는 기초 언어의 역할을 맡아줄 것으로 기대되었던 셈이다.

그런데 20세기에 들어오면서 데데킨트와 칸토어Cantor에 의해 창성된 집합론에 치명적인 결함이 있다는 것이 밝혀진다. 특히 1903년에 공론화된 '러셀의 패러독스'[18]는 당시의 집합론이 수학의 기초로 삼기에는 너무 위태롭다는 것을 밝혔다. 수학은 그 기초를 둘러싼 심각한 '위기'에 직면한 것이다.

수학은 앞으로 어디로 가야 하는가. 애당초 수학이란 무엇인가. 다양한 신념과 철학이 맞부딪히는 뜨거운 논쟁의 시대가 시작되었다.

'수학'을 수학하다

20세기 전반, 수학의 기초를 둘러싼 이러한 논쟁에 종지부를 찍어야 한다며 힐베르트Hilbert(1862~1943)라는 수학자가 중심이 되어 고안한 주도면밀한 계획이 움직이기 시작한다.

힐베르트는 19세기와 20세기에 걸쳐서 활약한 위대한 수학자로, 19세기 독일에서 성장한 개념적 수학을 자기화해서 20세기적 '현대 수학'의 기초를 구축하고, 당시 유럽 수학의 중심지 가운데 하나였던 괴팅겐대학의 황금시대를 지속적으로 뒷받침했다. 그는 계산의 힘과 개념의 창조성, 유한의 확실성과 무한의 가능성이라는 수학의 양면을 지나칠 정도로 잘 아는 사람이었다. 그런 그가 수학을 구하기 위해 일종의 교묘한 계획을 세우게 되었다.

힐베르트는 생각했다. 현실적으로는 개념을 구사해서 전개하고 있는 수학도 원리적으로는 유한적이고 기계적인 방법만으로 실행할 수 있을 터이다. 살아 있는 몸을 가진 수학자는 개념을 구사하면서 '의미'의 세계에 완전히 빠져 수학에 심취해 있을지 모르지만 이런 수학자가 만들어내는 것은 결국 몇 가지 정리定理와 이 정리에 대한 증명이다. 정리와 증명은 문자로 쓸 수 있으니, 수학자의 최종적 산물은 기호의 나열에 지나지 않는다. 그렇다면 일단 수학적 사고의 의미와 내용은 옆에 두더라도 현실의 수학자가 원리적으로 만들어낼 수 있는 산물을 (적어도 표면상으로는) 그대로 생성해낼 수 있는 인공적 시스템을 만들 수 있는 것은 아닐까. 무언가 인공 언어를 하나 정해서 그 가운데 허용되는 추론 규칙을 정해두면 '정리'가 계속해서 기계적으로 '증명'될 것이다. 이렇게 적당히 정해진 인공 언어와 추론 규칙에서 나오는 '형식계'를 수학 이론의 '닮은꼴'이라 여기고, 수학 이론 대신 형식계를 연구하기로 하면 어떨까.

수학에 대한 논쟁은 수많은 수학자의 신념과 철학이 맞부딪히는 진흙탕이 된다. 그래서 고대 그리스의 수학자들은 미리 몇 가지 '요청'을 제시함으로써 수학의 논의와 수학에 대한 논의를 나누려고 한 것이다. 힐베르트가 생각한 것은 수학에 대한 논의를 수학의 논의로 환원해버리는 교묘한 방법이었다.

형식계는 엄밀하게 정식화할 수 있는, 그 자체로 수학적인 대상이기에, 형식계에 대한 논의는 수에 대한 논의나 도형에 대한 논의처럼 어디까지나 수학의 논의다. 힐베르트는 생생한 수학 이론을 연구하는 대신 그와 닮은꼴인 형식계를 연구함으로써 수학에 대한 철학적 논쟁을, 수학적으로 정식화된 구체적인 문제로 환원해버리려고 한 것이다.

힐베르트는 말했다. "인간의 수학에 필적할 만큼 표현력이 풍부한 형식계를 만들어서 그 무모순성을[19] (어디까지나 유한한 방법으로) 증명하는 것이 가능하다면 인간이 만들어내는 수학도 신뢰하기에 충분한 것으로 생각할 수 있지 않을까?"

유감스럽게도 이 계획은 젊은 수학자 괴델Gödel(1906~1978)의 '불완전성 정리'[20](1931년)로 인해 암초에 걸리고 만다. 괴델에 따르면, 수학 이론의 닮은꼴이라고 간주할 만한 표현력을 가진 무모순적인 형식계는 자신의 무모순성을 증명할 수 없다. 이것은 힐베르트가 구상한 형태로 수학을 다루는 것이 사실상 불가능하다는 것을 의미해서, 힐베르트의 위대한 계획은 조용히 종국을 맞이하게 된다. 하지만 힐베르트의 방법 자체는 '수학의 구제'와는 다른 문맥에서 후세에 막대한 영향을 남겼다.

힐베르트가 계획한 일의 골자에는 기호의 힘에 대한 깊은 신뢰가 있었다. 그는 수학을 지탱하는 방법으로써 증명 자체를 고스란히 수학 연구의 대상으로 삼으려 했다. 때문에 힐베르트가 고안해낸 수학은 '증명론' 내지는 '초수학超數學(메타수학)'이라 불리며 지금도 활발하게 연구가 이루어지고 있다. 이것은 증명에 대한 수학이자 수학에 대한 수학이다. 수학자는 이제 수학을 할 뿐만 아니라 수학을 하는 자신의 사고에 대해서도 수학을 할 수 있게 되었다.

수학 이론을 형식계에 환원함으로써 내적인 구조를 명료화시켜나가는 힐베르트의 방식은 수학에 대한 '공리적인 접근'이라 불리는 경우도 있다. 이는 수학 전체를 조정된 몇 가지의 '공리'와 이에 적용되는 추론 규칙의 체계로 환원하는 것을 꾀하고 있다.

힐베르트의 이러한 공리적 수법은 동시대 수학자들에게 커다란 영향을 끼쳤다. 그것은 수학의 기초에 대한 철학적인 논의와 관련해서뿐만 아니라 수학의 생산성을 높이기 위한 수단으로써도 아주 강력했기 때문이다.

예를 들어, 수직선과 함수 공간[21] 등 다른 몇 가지 수학적 대상이 어떤 공통의 성질을 가진다는 것을 제시한다고 하자. 이때 개별 대상에 대해 비슷한 증명을 일일이 반복하는 대신 미리 수직선이나 함수 공간에 공통된 성질을 (위상공간位相空間[22]의) '공리'로서 끄집어내면, 그다음은 이들 공리에서 목적인 성질을 도출함으로써 증명을 한번에 정리할 수 있다. 이렇게 공리적인 방법에는 수학의 서로 다른 분야를 연결시키는 힘이 있다.

공리적 방법의 현저한 생산성에 주목해서 수학 전체를 공리에 따라 규정된 추상적인 '구조'에 대한 학문으로 재편성하려고 한 것이 '니콜라 브루바키Nicolas Bourbaki(1935~)'라는 이름을 내건 프랑스의 젊은 수학자 집단이다. 증명을 중시하는 힐베르트류의 공리주의에 비해, 이들은 공리에 의해 정해지는 '구조'를 중시하기 때문에 때로

'구조주의적'이라 일컬어진다. 힐베르트의 방법에 다분히 영향을 받은 이들의 수학은 이후의 수학 양상과 방향을 결정짓는다. 오늘날의 수학에는 브루바키의 구조주의적 사고방식이 거의 물과 공기처럼 침투해 있다. 수학적 대상은 공리에 의해서 인간의 직관과 실감으로부터 자립한 형태로, 형식적으로 구성되는 것이 되었다.

한편, 힐베르트의 사상은 의외의 부산물을 낳기도 했다. '수학을 구하자'는 그의 현실과 동떨어진 계획의 성과로 컴퓨터가 발명되었기 때문이다. 힐베르트류의 '수학에 대한 수학'의 관점을 익힌 젊은 수학자 앨런 튜링Alan Turing(1912~1954)에 의해 '계산에 대한 수학'이 정비되고, 그 이론적인 부산물로 현대의 디지털 컴퓨터의 수학적 기초가 구축된 것이다.

수학의 형식화, 공리화는 수학으로부터 신체를 떼어내고, 물리적 직관과 수학자의 감각이라는 애매하고 믿음직스럽지 못한 것에서 수학을 자립시키려는 커다란 움직임의 귀결이었다. 신체를 완전히 잃어버린 '계산하는 기계'로서 컴퓨터가 탄생한 것은 이런 시대의 파고가 정점에 달한 20세기 중반의 일이었다.

3 계산하는 기계

마음과 기계

앨런 튜링이 케임브리지대학 킹스 칼리지에 입학했을 때, 힐베르트의 계획은 이미 괴델의 발견에 의해 암초에 부딪힌 상태였다. 그래도 대학 강의에서 힐베르트류의 '초수학'을 접할 기회가 있었던 튜링은 그 탁월한 감성으로 수학에 대해 수학적으로 말하는 힐베르트의 방법에서 헤아릴 수 없는 가능성을 발견했다.

애당초 튜링의 수학 연구를 향한 열정의 배경에는 그것을 구동하는 원체험이 있었다. 그는 대학에 입학하기 전 규율이 엄격한 완전 기숙사 체제의 공립학교를 다녔는데, 거기서 1년 선배에게 비밀스러운 연정을 품고 있었다. 상대의 이름은 크리스토퍼 모르콤Christopher Morcom으로 튜링에게 지지 않을 만한 두뇌를 가진 과학 소년이었다.

부끄러움이 많은 튜링은 수학이나 과학 이야기를 계기로 그에게 접근하려고 시도했다. 서로 수학 문제를 내거나 풀이 방법을 견줘보는 것이 튜링에게는 더할 나위 없는 즐거움이었다. 이윽고 조금씩 둘 사이의 거리가 좁혀져서 화학 실험을 함께하거나 물리 법칙 또는 밤하늘에 떠 있는 별들에 대해서 이야기를 나누게 되었다. 모르콤이 트리니티 칼리지에 시험을 쳤을 때는 그와 헤어지기 싫다는 일념에 한 살 아래임에도 같은 해에 시험을 쳤다. 안타깝게도 튜링은 시험에 떨어졌지만 다음 해에는 같은 캠퍼스에 다닐 거라고 자신만만해했다.

그런데 유·소년기에 소결핵에 감염되었던 모르콤은 대학 입학을 앞두고 죽고 만다. 갑작스러운 사태에 넋이 나간 튜링을 모르콤의 어머니가 몇 번이나 집에 초대했다고 한다. 튜링은 그때마다 모르콤의 침대에서 잤는데, 그러는 동안 모르콤의 혼이 떠돌아다니는 것을 느꼈다고 한다.

본디 물리학에서 말하듯이 인간도 자연법칙에 따르는 하나의 기계에 지나지 않는다고 한다면 왜 거기에 자유로운 의지를 가지는 '혼'이 깃드는 것일까. 의지와 혼이라는 개념을 어떻게 물리적 세계의 과학적인 기술記述과 조화시킬 수 있을까. '마음'의 세계와 '물질物' 세계의 타협은 어떻게 볼 수 있을까. 이러한 일련의 물음이 이어지며 그의 머릿속을 떠나지 않았다.

소년 시절부터 과학에 재능을 보였던 튜링이 왜 논리학의 길을 선택한 것일까. 당시의 논리학은 아직 발전 도상에 있었고, 케임브리지

대학에도 논리학 전문가는 거의 없는 상황이었다. 하물며 대학 입학 전부터 상대론과 양자역학을 열심히 배우던 튜링이니 상식적으로 생각해도 물리학의 길로 들어서는 것은 자연스러웠다.

그런데 어째서인지 튜링은 '마음'과 '기계'를 가교하는 단서를 '수리논리학'의 세계에서 찾았다. 계산과 증명에 의한 기호의 조작을 '마음'의 문제와 관련짓는 시점은 당시로서는 상당히 독특한 발상으로, 이러한 착상 자체가 튜링의 독창성이라고 해도 좋을 것이다.

계산과 증명은 기호와 문자를 사용해서 종이 등에 쓰는, 겉으로 나타나는 수학자의 사고이자 수학자의 마음 작용의 표출이다. 힐베르트는 이것을 하나의 대상으로 삼아 조직적으로 연구하는 방법을 고안해냈다. 그러니 사람 마음의 본질을 과학적으로 규명하고 싶었던 튜링이 힐베르트류의 수리논리학의 세계에 이끌린 것도 전혀 근거가 없는 것은 아니다. 여기에는 마음의 작용을 대상화해서 과학적으로 연구하기 위한 방법론의 힌트가 있었다.

튜링은 실제로 자신이 선택한 진로가 옳았다는 것을 생애에 걸쳐서 실증해나갔다. 계산과 논리에 대한 원리적인 고찰에 의해서 '기계'로부터 '마음'으로 다가가는 길이 조금씩 열리게 된다.

계산하는 수

1936년 봄, 튜링은 계산 역사의 전환점이 되는 획기적인 논문을 완성한다. 〈계산 가능한 수에 대해서, 그 결정적인 문제에 대한 응용과 함께〉[23]라는 제목이 붙은 이 논문에서 그는 계산이라는 행위의 본질을 수학적으로 추출해서 '계산 가능성computability'이라는 개념에 명쾌한 정식定式화를 부여했을 뿐만 아니라 '힐베르트의 결정 문제'라 불리는 수리논리학의 미해결 문제를 산뜻한 방법으로 해결해 보인다.

인간과 계산의 역사는 길지만 튜링 이전까지만 해도 '계산'을 엄밀히 논하기 위한 '수학적 언어'는 없었다. 계산하는 것뿐만 아니라 '계산에 대해서 수학적으로 말하기' 위해서는 '증명에 대해 수학적으로 말하는' 것과 마찬가지로 수학의 언어 체계 자체를 큰 폭으로 다듬을 필요가 있었기 때문이다. 힐베르트 이후에 태어난 튜링은 그 토양이 마침 정돈되고 있는 시점에 등장했다.

그렇다면 '계산이 가능하다'는 것은 무슨 뜻일까. 그는 먼저 계산하는 인간의 행위에 주의를 기울였다.

> 실수實數를 계산하고 있는 인간은 'm-상태'라 불리는 유한 개체의 상태, q_1, q_2 … q_R만을 얻는 기계에 비유할 수 있다. 이 기계에는 (계산 용지에 해당하는) '테이프'가 탑재되어 있어 그 기계를 통과한다.

그는 계산하는 인간의 행위를 모델로 어떤 가상의 기계를 생각해냈다. 훗날 '튜링 기계'라 불리게 되는 이 기계에는 몇 개의 '칸'으로 구분된 테이프가 탑재되어 있어서 그 테이프에 기호를 쓰거나, 지우거나, 테이프를 왼쪽으로 이동시키거나 오른쪽으로 이동시킨다. 할 수 있는 것은 이것뿐이지만 인간이 '계산자computer' 역할을 하는 어떠한 계산도 원리적으로는 이 기계에 의해서 실현할 수 있을 거라고 그는 생각했다.

그는 계속해서 논문을 통해 어떠한 튜링 기계로도 결코 풀 수 없는 구체적인 문제를 만들어서 보여준다. 튜링 기계가 모든 '계산'을 체현하고 있다고 한다면, 그는 이를 통해 어떠한 계산에 의해서도 풀 수 없는 문제가 있다는 것을 보여준 셈이다. 그것은 계산이라는 행위에 내재된 본질적인 한계를 보여주는 강렬한 결과였다.[24]

하지만 결과 이상으로 중요한 것은 그의 논의 과정 자체였다. 튜링은 스스로 고안한 기계의 정의를 자세히 조사해서 하나하나의 튜링 기계가 본질적으로는 하나의 수로 치환될 수 있음을 제시한다. 이로써 '수'는 튜링 기계에 의해서 '계산될' 뿐만 아니라 튜링 기계로써 '계산하는' 것이기도 하다는 양의성을 획득했다.

튜링은 스스로 수에 부여한 이 양의성을 잘 사용해서 모든 튜링 기계의 동작을 모방할 수 있는 '만능 튜링 기계'를 이론적으로 구성해서 제시했다. '만능'이라는 이름 그대로 모든 튜링 기계의 동작을 혼자서 도맡는 튜링 기계다. 하나하나의 계산을 위해서 각각 다른 튜링 기계를 만들 필요 없이, 만능 튜링 기계가 있으면 모든 계산을 이 한 대로 실현할 수 있다.

PC와 스마트폰은 만능 튜링 기계가 물리적으로 실현된 것이다. 그래서 이것 하나만 있으면 사칙연산뿐만 아니라 메일 송신, 뉴스 열람, 넷 브라우징과 가계부 기록 등 무엇이든 할 수 있다. 이러한 '만능성'을 가진 기계를 처음 수학적으로 구성해서 제시한 것이 튜링의 1936년 논문이었다.

튜링은 수학의 역사에 큰 혁명을 가져왔다. '수'는 인간이 그것을 만들어낸 이래 오직 인간의 인지 능력을 연장하고 보완하는 도구로서, 사용되기만 했다. 주산의 시대에도, 알자부르의 시대에도, 미적분학의 시대에도, 수는 인간에 종속되어 있었다. 수는 어느 시대에도 수학하는 인간의 신체와 함께 있었다.

튜링은 그 수를 인간의 신체로부터 해방시킨 것이다. 적어도 이론적으로는 수는 계산될 뿐만 아니라 계산할 수 있게 되었다. '계산하는 것(프로그램)'과 '계산되는 것(데이터)'의 구별이 해소되고, 현대적인 컴퓨터의 이론적 초석이 마련되었다.

그런데 이 시점에서도 여전히 튜링의 '기계'와 인간의 '마음' 사이에는 메우기 어려운 틈이 있었다. 애당초 튜링은 종이와 연필을 사용해서 계산하는 '계산자'를 모델로 튜링 기계를 생각했다. 그것은 인간의 수학적 사고 가운데서도 가장 기계적인 부분을 모방하고 있는 것에 지나지 않았다. 그런 기계의 한계에 대해서는 누구보다 튜링 자신이 잘 알고 있었다.

1938년에 프린스턴대학에 제출한 박사 논문 〈순서수順序數에 기초한 논리의 체계들〉[25]에서 그는 튜링 기계로는 계산할 수 없는 절차를 실행할 수 있는 '오라클oracle(신탁)'이라는 개념을 들고 나온다. 오라클은 이른바 수학자의 직관과 통찰에 대응하고 있어서, 오라클이 포함된 튜링 기계(O기계)는 계산 도중에 오라클에게 질문을 하고, 그 결과에 기초해서 계산을 할 수 있다. 그는 이렇게 확장된 튜링 기계가 가지는 수학적인 성질에 대해서 연구했지만 오라클 자체의 동작 원리에 대해서는 밝히고 있지 않았다.

인간의 지성에는 직관이나 번득임 같은, 기계의 동작으로 환원할 수 없는 요소가 있다. 튜링은 그것을 일단 오라클이라는 괄호로 묶었던 것이다. 물리로는 설명할 수 없는 마음의 신비가 '혼'의 문제로 남겨진 것과 마찬가지로, 튜링 기계로는 포착할 수 없는 지성의 직관적인 측면이 오라클이라는 형태로 그의 모델에 남았다.

설명할 수 있는 것과 설명할 수 없는 것, 과학적으로 말할 수 있는 것과 말할 수 없는 것, 그 경계를 냉정하게 판별한 상태에서 설명 가능한 부분부터 신중하게 착수해나가는 것이 튜링의 스타일이다. 혼도 직관도 이 시점에서는 여전히 '설명 불가능'한 성역으로, 그의 내면에서는 손을 대지 않은 채 남겨져 있었다. 나중에 그는 '기계에 의해 지성을 구성한다'는 꿈을 안고 세계 최초의 인공지능 연구자가 되지만, 이 단계에서는 아직 그런 과격한 사상은 모습을 드러내지 않고 있었다. 이런 그의 운명을 바꾼 것은 전쟁이었다.

암호해독

프린스턴대학에서 유학을 마치고 케임브리지로 돌아온 튜링은 1939년 9월 4일, 정부의 결정에 따라 버킹엄셔Buckinghamshire(영국 잉글랜드 중남부에 있는 카운티)의 블레츨리 파크Bletchley Park로 소환된다. 영국과 프랑스가 나치스 독일에 선전포고를 한 다음 날의 일이었다.

여기서 그가 맡은 임무는 나치스 독일의 악명 높은 '에니그마Enigma 암호'를 해독하는 것이었다. 에니그마는 원래 상업용으로 개발한 암호기로, 전기적인 장치를 통해 암호화 프로세스를 자동화함으로써 전에 없는 복잡한 암호를 간단하게 생성하는 것이 가능했다. 나치스 독일은 이것을 독자적으로 개량하고, 게다가 안정성까지 높여서 군사적인 정보 기밀을 지키는 수단으로 사용했다. 그 '열쇠'라 불리는 암호화 조합의 총수는 195,000,000,000,000,000,000 종류를 넘어서 조직적인 해독이 절망스러운 상황이었다.

그런데 튜링이 중심이 되어 설계한 '튜링 봄Turing Bombe'[26]이라는 기계로 인해 방대한 열쇠 중에 가장 정확한 열쇠를 고속으로, 그것도 낭비 없이 검색하는 것이 가능해졌다.[27] 이렇게 해서 적어도 1943년에는 매월 8만 4천 건이라는 대량의 통신문을 블레츨리 파크에서 해독할 수 있었다.

암호를 해독하는 과정은 인간의 '마음'이 만들어내는 번득임, 통찰과 '기계'를 이용한 우직한 탐색의 협력collaboration 그 자체였다. 그것은 튜링에게 '마음'과 '기계' 사이에 새로운 다리가 만들어진 것과 같은, 눈이 번쩍 뜨이는 경험이었을 것이다.

무엇보다도 그는 정교하게 설계된 기계가 때때로 인간의 추론보다 훨씬 우수한 능력을 발휘하는 상황을 목격하게 되고, 이 체험은 튜링이 기계를 신뢰하게 만드는 데 결정적인 역할을 한다.

실제로 그는 봄을 통해 에니그마의 조직적인 해독을 처음 성공시킨 1941년, '기계의 지능machine intelligence'을 논의한 텍스트를 써서 동료들에게 나눠준다. 유감스럽게도 이 텍스트는 현존하지 않지만 '인공지능'에 대한 세계 최초의 논문이라는 점에는 거의 틀림이 없다. 이 논문에서 그는 '경험으로부터 배우는 기계'라는 착상을 일찌감치 보여주었다. 그는 암호해독의 성공을 계기로 비로소 '기계'에서 '마음'으로 다가가는 장대한 기획에 확실한 가능성을 감지하기 시작했다.

봄을 통해 에니그마 해독이라는 목표가 달성된 이듬해인 1942년 여름, 튜링은 블레츨리 파크의 연구 부문으로 이동하게 된다. 거기서 그에게 부여된 일은 '터니Tunny'라는 코드명으로 불리는 새로운 독일군 암호를 해석하는 것이었다. 터니는 에니그마와는 근본적으로 사양이 다르고 이론적으로도 세련되었지만 그는 몇 주 만에 '튜링식

Turingery'이라 불리는 기법을 고안해냄으로써 또다시 큰 공헌을 하게 된다. 얼마 지나지 않아 빌 타트라는 젊은 수학자가 이를 단서로 계통적인 해독법을 만들어냈는데, 이 방법을 수행하려면 방대한 기계적 절차를 고속으로 처리할 필요가 있었으므로 진공관을 대량으로 사용한 완전 전자식 컴퓨터가 만들어지게 되었다. 이 컴퓨터에는 '콜로서스colossus, 巨像'라는 이름이 붙어서 1944년 1월, 블레츨리 파크로 옮겨졌다. 그리고 얼마 지나지 않아 터니의 해독량은 엄청난 기세로 늘어났다.

콜로서스는 이름 그대로 거대한 도체圖體로 무게가 1톤이나 나갔지만 어디까지나 터니를 해독하기 위한 전용 기계일 뿐 튜링이 생각하는 의미에서의 '만능성'은 갖추고 있지 않았다. 그럼에도 이 새로운 기계를 본 튜링은 '만능 튜링 기계'를 실현할 날이 눈앞에 다가왔음을 확신했을 것이다.

계산하는 기계(컴퓨터)의 탄생

전쟁이 끝난 1945년, 튜링은 영국 국립물리학연구소National Physical Laboratory, NPL의 수학 부문에 고용되어 곧바로 만능 튜링 기계를 구현하기 위한 '자동 계산 기관Automatic Computing Engine, ACE' 설계에 착수한다. 이를 제작하기 위해 그가 쓴

〈전자계산기 제안〉에는 제작 비용의 견적을 포함해서 상세한 기술적 내용뿐만 아니라 샘플 프로그램까지 딸려 있었다.

하지만 안타깝게도 NPL 조직 내부의 인사적인 문제 등이 장벽이 되어 ACE 제작은 뜻대로 진행되지 못했고, 그러던 중에 매사추세츠 대학의 계산기계연구소 구성원들에게 선두를 빼앗기고 만다. 1948년 6월 21일, 소형이라고는 해도 세계 최초의 범용 프로그램 내장식 컴퓨터인 'SSEMSmall-Scale Experimental Machine, 소규모 실험기', 통칭 '베이비'에서 최초의 프로그램이 움직였다. 이 프로젝트를 주도한 사람은 과거 튜링을 수리논리학의 세계로 이끈 케임브리지 시절의 은사 맥스 뉴먼Max Newman이었다. 튜링의 논문으로부터 12년이 지나 그가 구상한 '만능 계산 기계'가 마침내 실현되어 움직이기 시작한 것이다.

이미 몇 번씩 강조한 것처럼 인간의 수학적 사고 또한 다른 모든 사고가 그런 것처럼 뇌와 신체와 환경 사이를 횡단한다. 뇌만을 들여다보아도, 신체의 움직임만을 보아도 거기에 수학은 없다. 뇌를 매개로 한 신체와 환경 사이의 미묘한 조정이 수학적 사고를 실현한다.

한편, 개인적인 공상이나 망상과는 달리 수학적 사고의 꽤 많은 부분이 겉으로 나타나고 있는 것도 사실이다. 고대 그리스인들에게 기하학적인 그림이 그러했고 근대 이후의 수학자에게 수식 또는 문자로 쓰인 증명이 그랬던 것처럼, 수학자는 다양한 도구의 힘을 빌리면서 대부분의 사고를 신체 밖에서 수행하고 있다.

힐베르트는 언어로 쓰인 증명의 성질에 주목해서 그 본질을 끄집어냄으로써 증명 자체를 새로운 수학적 대상으로 키워냈다. 튜링은 행위로 나타나는 계산자의 동작에 주목해서 그것을 모델화함으로써 계산 자체를 수학적인 대상으로 구축했다. 그들은 증명과 계산이라는 형태로 바깥으로 표출된 수학적 사고를 능숙하게 잘라내어 기호화하고 그 자체를 대상화함으로써 알맹이가 풍성한 수학 분야를 가동시켰다. 뿐만 아니라 튜링이 고안한 가상적인 기계는 전쟁 중에 여러 요청에 부합하는 형태로 튜링 자신의 손에 의해서는 아니지만 물리적인 하드웨어로 장착되기에 이르렀다. 계산이 수학적 연구의 대상이 되었을 뿐만 아니라 만지고 움직일 수 있는 물리적인 기계가 된 것이다.

문제는 '계산하는 기계'가 어디까지 '수학하는 기계'로 있을 수 있느냐 하는 것이다. 이미 진술한 대로 튜링은 '계산'과 '수학' 사이의 틈을 무겁게 자각하고 있었다. 계산은 수학적 사고를 뒷받침하는, 어디까지나 하나의 행위에 불과하다. 그것은 완전히 신체 바깥에 나타난 행위이기에 그것을 끄집어내서 대상화하는 데 성공했지만, 수학적 사고에는 계산만 있는 것이 아니다. 말로는 표현할 수 없는 직관, 의식에도 잡히지 않는 머뭇거림, 단순히 아는 것과 발견하는 것을 기뻐하는 심정, 이 모든 것이 '수학'을 뒷받침하고 있기 때문이다.

이렇게 생각한다면 '계산하는 기계'와 '수학하는 기계' 사이에는 너무나 절망적인 거리가 있다고 여기는 것이 일반적이지 않을까?

그런데 튜링은 그렇다고 생각하지 않았다. 이미 결정된 대로 우직하게 쉬지 않고 움직일 뿐인 기계가 암호해독에서 놀랄 만한 공헌을 했다는 것은, 아직 인간의 지능에 미치기에는 한참 부족하다 하더라도 인간의 창조적 사고를 목표로 하는 출발점으로서는 나쁘지 않은 장소일지 모른다고 생각한 것이다. '계산하는 기계'에서 출발해서 조금씩 개량해나가면 이윽고 '수학하는 기계'를, 아니 수학뿐만이 아니라 마치 인간처럼 사고하는 기계도 만들 수 있을지 모른다고 생각했다. 튜링의 마음속에 싹튼 '인공지능'을 향한 꿈은 점점 부풀어 올랐다.

'인공지능'으로

튜링은 1948년에 NPL 소장인 찰스 다윈 앞으로 보낸 보고서 〈지능 기계Intelligent Machinery〉에서 지적인 기계를 만들기 위한 구체적인 아이디어를 피력하고 있다. 그 가운데서도 두드러진 것은 '경험에서 배울 수 있는 기계'의 모델을 제안하고 있다는 점이다.

튜링은 이 보고서에서 '신경계의 단순한 모델'이라고도 간주할 수 있는 몇 가지 단위의 네트워크로 구성된 기계 모델을 고안했다. 게다가 이러한 네트워크 모양의 기계가 간섭을 받아 자기 변경을 하면서

의도하는 기능을 가지도록 '조직화organize'해가는 과정을 묘사했다. 여기에는 현대적인 신경회로망neural network에 의한 기계 학습을 방불케 하는 아이디어가 들어 있었다.[28] 튜링은 전쟁이 끝나자마자 지적인 기계를 만들기 위해서는 '학습'의 메커니즘이 필요하다는 것을 간파하고, 이를 위해 알고리즘까지 연구하고 있었던 것이다.

튜링은 '공장에서 막 나온 기계에게 대학을 졸업한 사람과 똑같은 조건에서 어깨를 나란히 할 수 있기를 기대하는 것은 불공평하다'고 말한다. 인간은 20년이 넘는 시간 동안 타자와 접촉하면서 외부로부터 많은 영향을 받고, 이를 통해서 행동의 규칙을 반복해서 갱신해 왔기 때문이다. 지적인 기계를 만들고자 한다면 기계 또한 이러한 간섭에 열려 있도록 만들지 않으면 안 된다. 만들어야 할 것은 어른의 뇌가 아니라 유아의 뇌처럼 배움에 열려 있는 기계라고, 튜링은 생각했다.

이렇게 중요한 논문에 NPL 소장인 다윈은 '초등학생의 작문'이라는 평가를 내렸고, '출판할 가치가 없는 것'이라며 상대도 해주지 않았다. 그 결과 20년이나 방치되었다는 것을 안타깝다는 말 말고는 표현할 길이 없지만, 이 논문이야말로 인공지능에 대한 최초의 선언이라고 부를 만한 획기적인 것이었다.

이미테이션 게임

1950년에 발표한 논문 〈계산 기계와 지능〉[29]에서 튜링은 다음과 같은 게임을 제안한다.

참가자는 세 명. 한 명은 남성(A), 한 명은 여성(B), 나머지 한 명은 남성이든 여성이든 상관없는 질문자(C)다. 질문자는 다른 두 사람의 모습이 보이지 않도록 벽으로 막은 방에서 목소리가 전해지지 않는 방식으로 A와 B에게 질문을 한다. 질문자의 목표는 두 명의 성별을 맞추는 것이다. A의 역할은 여성인 것처럼 연기해서 질문자를 속이는 것, B의 역할은 솔직하게 응답해서 질문자에게 협력하는 것(즉, 자신이 정말로 여성이라고 어필하는 것)이다.

튜링은 이를 '모방imitation 게임'이라고 명명했다.

튜링은 이 게임에서 기계가 A의 역할을 맡았을 때, 즉 벽으로 막은 저편의 남녀 대신에 기계와 인간을 두고, 질문자는 이 가운데 어느 쪽이 인간인가를 맞추려고 할 때 무슨 일이 일어날지 물었다(그림 6). 이때 남녀 게임과 똑같은 빈도로 질문자가 틀린 판단을 하게 하는 기계를 만드는 것은 가능한가, 다시 말해 '모방 게임'에서 인간을 완벽히 연기하는 기계를 만드는 게 가능한지 튜링은 물은 것이다.

이때 튜링은 이미 기계가 언젠가 지능을 가질 가능성이 있다는 것을 감지하고 있었다. 그렇다면 무엇을 근거로 '기계가 생각하기 시작했다'고 판단해야 할까. 그것은 아직은 확실하지 않다. 애당초 '기계'

와 '생각한다'라는 말을 정의하는 것 자체가 쉽지 않기 때문이다.

철학적인 질문을 과학적으로 의미가 있는 질문으로 치환해서 사고하는 것이 튜링의 방식이다. '기계는 생각할 수 있을까?'라는 막연한 질문을 그는 '모방 게임에서 인간을 연기하는 기계를 만들 수 있

[그림 6] 튜링 테스트

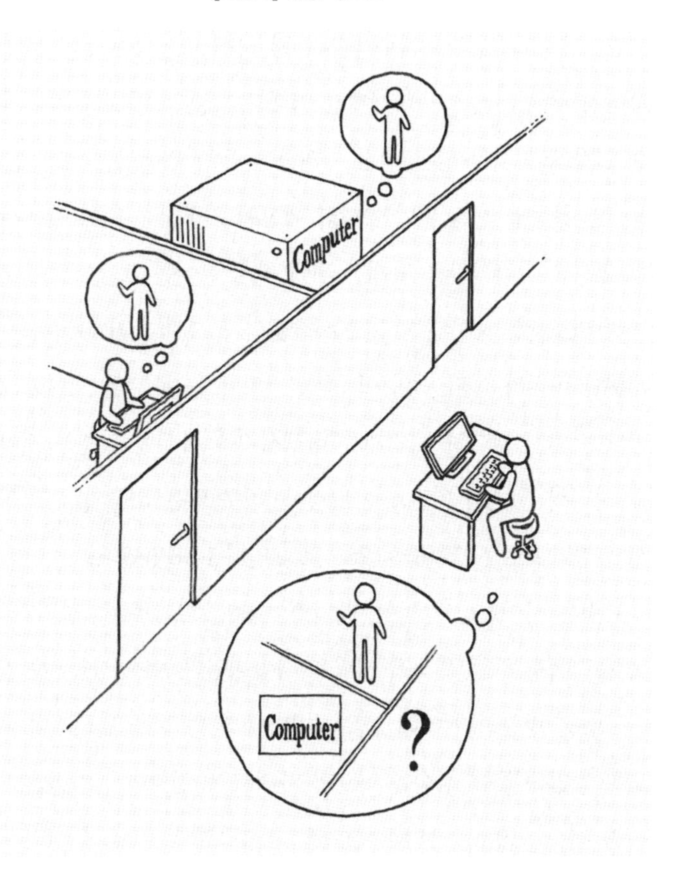

을까?'라는 객관적 검증이 가능한 질문으로 치환한다. 게다가 이렇게 질문을 치환함으로써 '인간의 신체적 능력과 지적 능력을 충분히 확실하게 구별하는'[30] 것이 가능해져서 문제가 해결된다. 이 '모방 게임'이 훗날 '튜링 테스트'라고 불리게 되어 인공지능 개발의 토대를 만드는 중요한 역할을 하게 된 것도 이러한 과제 설정의 명료함 덕분이었다.

만약을 위해서 강조해두자면, 튜링 자신 또한 신체성의 문제를 생각하지 않은 것은 아니다. 〈계산 기계와 지능〉의 마지막 부분에서 그는 인간에 필적할 만한 지적 기계를 만들기 위해서는 체스 같은 추상적인 활동을 시킬 뿐만 아니라 예산이 허락하는 범위 안에서 최대한 고성능 감각기관을 탑재한 뒤에 마치 아이를 교육하듯이 가르치는 방법도 시도해야만 한다고 서술했다. 또 〈지능 기계〉에서는 "신경계뿐만 아니라 눈과 귀와 발 등 인간의 모든 부분을 재현한 기계를 만드는 것이 생각하는 기계를 탄생시키는 확실한 방법일 것이다"라고 하면서, 현재의 기술로는 그것이 '너무 많은 비용과 수고가 들어서 실질적으로는 불가능할 것으로 보인다'고 표명했다.

튜링은 사이클링과 등산, 테니스, 하키, 보트, 요트, 달리기 등 몸을 움직여서 하는 운동을 사랑한 사람이었다. NPL 시절에는 플라워 연구소를 방문하기 위해 25킬로미터나 되는 길을 달리거나, 때로는 모친이 있는 곳에 점심을 먹으러 가려고 30킬로미터 가까운 거리를 달린 적도 있었다. 마라톤 실력은 프로급으로 1948년 런던 올림픽 선수 선발 예선(1947)에서는 국내 5위에 들어, 견갑골 부상만 아니었다면 올림픽 선수 후보에 응모할 예정이었다.

이런 그가 신체성과 지능의 관계에 관심을 가지지 않았을 리 없는데도 튜링 테스트에서 일단 신체의 문제를 다루지 않은 것은, 어디까지나 구체적으로 다룰 수 있는 문제부터 순서대로 진행하려고 한 튜링다운 과학적인 태도와 진중함의 표출이라고 보아야 할 것이다.

풀 수 있는 문제와 풀 수 없는 문제

튜링은 자신의 마음에 비추어 명백하게 진실이라고 여겨지는 것 외에는 결코 믿으려 하지 않은 사람이었다. 그에게 '분위기를 파악한다'는 발상은 티끌만큼도 없었다.

무엇이든 원리적으로 사고하는 튜링의 성격은 과학자로서는 내세울 만한 미덕이지만, 종종 사회와 마찰을 빚는 경우가 있었다. 예를 들어 제2차 세계대전이 한창일 때 국민방위군Home Guard에 입대를 지원한 튜링은 입대 희망 정식 문서의 '국민방위군의 지역 부대에 등록한다는 것은 책임감을 가지고 군사훈련에 임하겠다는 의미라는 것을 이해하고 있는가?'라는 질문에 '아니오'라고 대답했다. 단지 라이플총 다루는 법을 몸에 익히고 싶었을 뿐인 그는 이 질문에 '예'라고 대답하는 것이 어떠한 조건에서도 자신을 위하는 일이 아니라고 판단한 것이다. 그리고 라이플총 사용법을 익힌 다음 곧바로 훈련에 대한 관심을 잃고 매일 하는 행진 등에 참가하지 않게 되었다. 이런 태도가 지휘관의 분노를 사서 마침내 법정에 불려가게 된다.

> "튜링 이등병, 자네가 최근 여덟 번의 행진에 한 번도 참가하지 않은 것이 사실인가?"
>
> "네."
>
> "이것이 매우 중대한 위반이라는 것은 알고 있는가?"
>
> "아니오."
>
> "튜링 이등병, 자네는 귀관을 놀리고 있는가?"
>
> "아니오. 하지만 저는 국민방위군 등록 신청서에 군사훈련에 참가하는 데 동의하지 않는다고 썼습니다."
>
> 신청서가 등장하고, 그것을 읽은 필링검 대령은 격노해서
>
> "자네는 실수로 입대를 했다. 당장 나가라!"
>
> 이렇게 말하는 것이 고작이었다.
>
> — 잭 코플랜드B. Jack Copeland, 〈튜링, 정보 시대의 파이오니아〉에서

이 일화는 그래도 재미있지만, 때로는 웃을 수 없을 만큼 격한 충돌이 일어나는 경우도 있었다.

1951년이 저물어갈 무렵, 튜링의 집에 도둑이 들었다. 그는 곧바로 경찰에 신고를 했고, 마음에 짚이는 범인이 있다고 전했다. 그는 범인

이 아마 며칠 전에 만난 친구인 것 같고, 자신과 그 남자는 지금까지 '섹스를 세 번 했다'고 경찰 앞에서 솔직하게 고백했다. 국민방위군 입대 지원서에 '아니오'라고 썼던 것과 마찬가지로 그저 사실을 밝힐 생각일 뿐이었을 것이다.

그런데 튜링은 곧장 '명백한 외설 행위'라는 죄목으로 기소되어 12개월 간의 보호관찰 처분과 여성 호르몬 대량 투여에 따른 '치료'를 선고받았다. 당시 영국에서는 동성애를 법률로 엄격히 금지하고 있었기 때문이다. 전쟁 종결을 적어도 2년, 많게는 4년이나 앞당겨 사실상 천만 명이 넘는 목숨을 구한 영웅에게 너무나 가혹한 처사였다.

튜링은 이 부조리한 역경을 긍정적으로 극복하려고 애썼다. 이런 일은 그냥 '웃고 넘길 일'이라고 말하며, 보호관찰 기간 동안에도 변함없이 정력적으로 연구에 몰두했다고 한다.

튜링의 다음 관심사는 생물의 성장 구조를 해명하는 것이었다. 맨체스터 계산기를 사용해서 오늘날 '반응확산계'라 불리는 화학 반응의 시뮬레이션에 열중했다. 이 일련의 연구는 현대 생물학에도 큰 영향을 미쳤다.

그가 만년에 진행한 연구의 전모는 지금도 해명되고 있지 않지만 그의 관심이 생물학으로 향한 동기 가운데 하나는 뉴런의 성장 과정을 이해하는 것이었다고 볼 수 있다. 뇌도 일종의 계산기라 보고, 디지털 컴퓨터와 뇌가 어떻게 다른지, 생물의 뇌가 어떤 구조로 작동하는 기계인지 규명하기 위해 생물학적 레벨에서 뉴런의 구조를 해명하려고 시도했던 것은 아닐까 싶다. 어쨌든 튜링의 앞길은 헤아리기 어려운 가능성으로 가득 차 있었을 테니까 말이다.

종말은 느닷없이 찾아왔다. 1954년 6월 8일, 자택 침대에서 사망한 튜링을 가정부인 클레이턴 부인이 발견한 것이다. 머리맡에는 먹다 남은 사과가 놓여 있었고, 입에서는 하얀 거품이 나온 상태에서 청산靑酸의 특징인 쓴 아몬드 향이 났다.

얼마 지나지 않아 영국의 대형 신문사가 '청산을 삼키기 위해 사과를 이용한' 자살이라고 그럴듯하게 보도했으나 실제로는 사과에 청산이 들어 있었는지 여부조차 아무도 확인하지 않았다고 한다. 자살을 뒷받침하는 유력한 증거가 있는 것도 아니라서 타살이나 사고일 가능성이 남은 채, 진상은 아직까지 밝혀지지 않은 상태다. 42세를 맞이하기 직전의 너무나도 갑작스런 죽음이었다.

튜링이 생전에 마지막으로 발표한 논문에는 〈풀 수 있는 문제와 풀 수 없는 문제〉[31]라는 제목이 붙어 있다. 그는 이 논문에서 수많은 퍼즐을 소개하면서 임의의 퍼즐을 풀 수 있는지 여부를 판정하는 기계적 절차는 존재하지 않는다고 주장했다. 풀 수 있는 퍼즐을 '풀 수 있다'는 것은 그 퍼즐을 실제로 풀어서 보여줌으로써 증명할 수 있지만 퍼즐을 '풀 수 없다'는 것을 입증하기란 쉽지 않다.

풀 수 있는 퍼즐과 풀 수 없는 퍼즐을 미리 기계적으로 나눌 수 있으면 사람은 '이 퍼즐은 정말로 풀 수 있는 것일까?'라고 고민할 필요가 없어지겠지만, 이렇게 모든 퍼즐을 미리 일거에 준별하는 알고리즘은 존재하지 않는다고 튜링은 설파한다. 남녀의 구분, 기계와 마음의 구별이 자명하지 않은 것처럼 풀 수 있는 퍼즐과 풀 수 없는 퍼즐의 경계도 그렇게 간단히 판정할 수 없다는 것이다.

수학이 사람의 마음을 매료시키는 것도 어디까지나 그것이 풀 수 있는지, 없는지를 사전에 판정할 수 없는 '퍼즐'로 가득 차 있기 때문일 것이다. 튜링의 마음을 매료시킨 것은 언제나 '풀 수 있는지 없는지 모르는 퍼즐'이었다. '계산'에서 출발해 지성의 신비에 다가가려 했던 튜링은 과연 풀 수 있는 퍼즐을 풀려고 했던 것일까? 그것은 누구도 알 수 없다.

그러나 그가 어떠한 난문을 앞에 두더라도 늘 '풀 수 있는' 쪽에 걸고 도전을 계속했던 것만큼은 분명하다. 불안 속에, 틀릴 가능성 속에 비로소 '마음'이 있다는 것을 그는 누구보다 깊이 간파하고 있었기 때문이다.

단적으로 방정식을 푸는 것을 지향한 알자부르나 코스 대수로부터 애당초 어떤 방정식이 풀리고 어떤 방정식이 풀리지 않는지를 묻는 발상으로의 이행. 개별의 구체적인 작도가 문제가 된 고대의 수학으로부터 모든 문제를 푸는 보편적인 방법을 추구하는 수학으로의 이행. 이렇게 수학의 근대화 과정은 보편성에 대한 강한 열정에 의해 구동되어 수학이 다루는 대상의 메타화가 진행되었다.

그리고 마침내 수학으로부터 애매하고 의지할 바 없는 신체를 분리해서 보다 보편적인 원리에 기초한 자율적인 체계로서 수학을 구축하려는 탐구가 시작되었다. 20세기에는 '증명'과 '계산'이라는 행위 자체를 대상화하고 이에 대해서 수학적으로 연구하는 방법이 개발되었다. 수학을 신체로부터 분리해서 철저하게 기호화함으로써 수학이라는 행위의 본성을 수학적으로 연구한다는 새로운 가능성이 열린 것이다.

이 장대한 기획의 부산물로 컴퓨터가 세상에 나왔다. 행위로서의 '계산'이 신체에서 분리되고 그 자체의 자율성을 획득했을 때, 그것이 신체를 갖지 않는 기계가 되어 움직이기 시작한 것이다.

이렇게 태어난 '형식계'와 '컴퓨터'는 모두 인간적 직관에 의존하지 않는 고도의 자율성을 목표로 설계되었다. 이것은 피가 통하는 인간적인 수학에 비하면 공허한 것으로 보일지도 모르지만 반드시 그렇다고 단정할 수는 없다.

힐베르트가 양산한 증명에 대한 수학(증명론)은 지금도 많은 사람들이 연구하고 있으며, 증명들이 구성한 세계가 그 자체로 풍성한 수학적 '내용'을 가진다는 사실은 이제 의심할 여지가 없다. 튜링이 만들어낸 기계 또한 생활 여기저기에 침투해서 인공지능은 더는 이론적인 꿈이 아니라 실천적인 기술이 되었다. 컴퓨터와 사람의 거리가 점점 좁아져서 이를 꼭 무미건조하고 살벌한 '물건'이라고 단정할 수만은 없게 되었다.

신체에서 분리된 ‘형식’과 ‘물건’도 사람과 친하게 교류하고 마음을 통하다 보면 점점 그 자체의 ‘의미’와 ‘마음’을 가지기 시작한다. 물건과 마음, 형식과 의미는 그렇게 간단히 분리할 수 있는 것이 아니다.

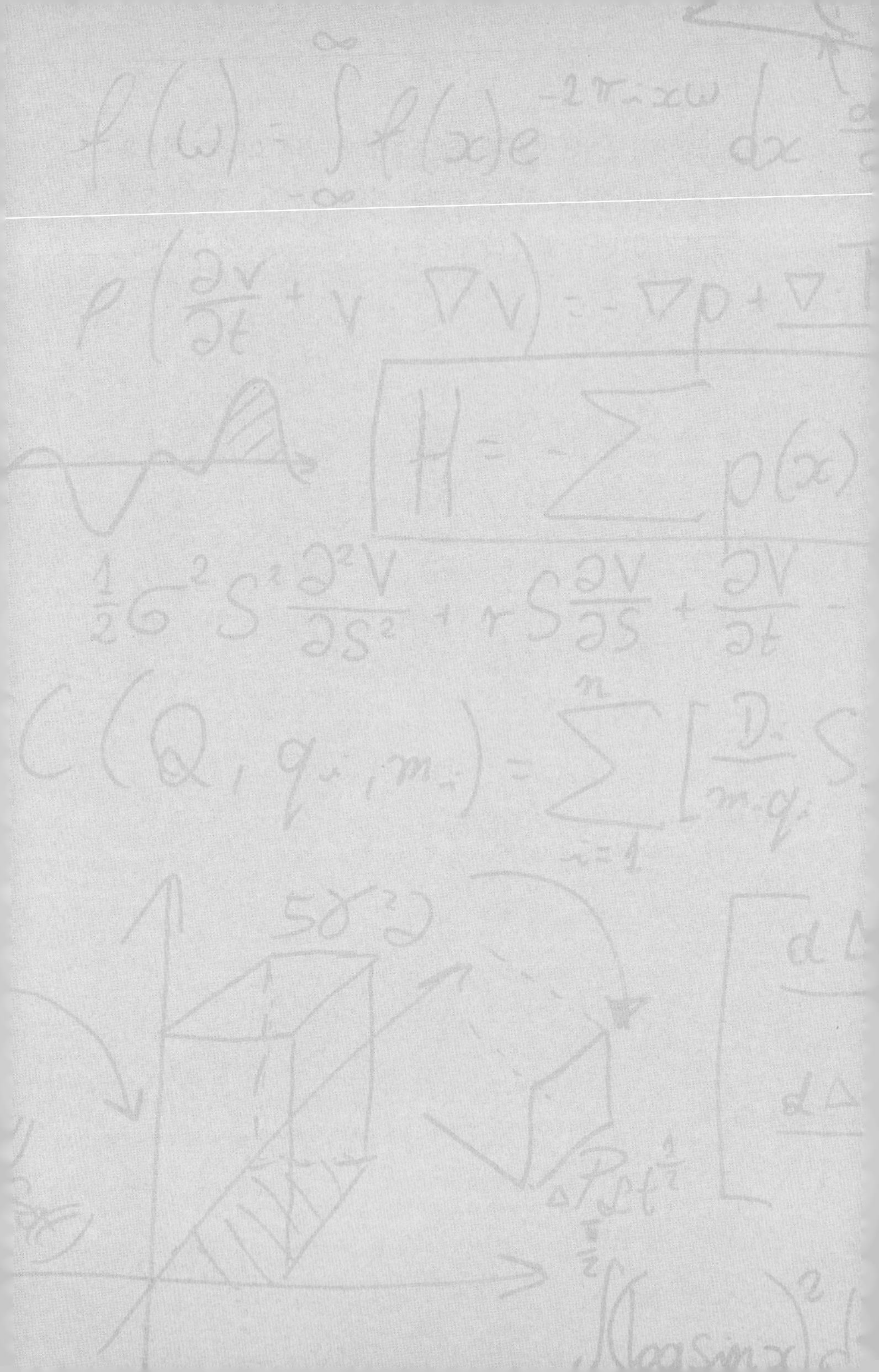

3장

풍경의 시원

'만엽'의 가인歌人들은
저 산의 선과 색조와 질량에 따라서
자신들의 감각과 사상을 다듬었을 것이다.[1]

— 고바야시 히데오

'수학이란 무엇인가?', '수학에 있어서 신체란 무엇인가?'를 묻는 내 탐구의 원점에는 오카 키요시岡潔(1901~1978)라는 수학자와의 만남이 있다.

대학에 들어간 지 얼마 되지 않았을 때의 일이다. 때마침 지나던 길에 들른 고서점에서 〈일본의 마음日本のこころ〉이라는 책이 눈에 들어왔다. 이 책은 오카 키요시의 대표적인 에세이를 묶은 것으로, 당시에 이미 절판된 문고판이었다. 그런데 제목이고 표지고 도저히 수학책 같지 않았고, 난해해 보이는 수학책들 가운데서 유달리 희한한 매력을 발산하고 있었다.

그 무렵 나는 문과 계열의 학부에 속해 있어서 설마 내가 수학에 열중하게 될 거라고는 생각지도 않던 때였다. 하지만 다시 생각해보면 그날 나는 이미 돌이킬 수 없는 수학의 길에 확실하게 첫발을 내디뎠다고 할 수 있다.

그 당시 학교에 수학을 무척 좋아해서 언제나 내게 이런저런 이야기를 들려주는 친구가 있었다. 그 가운데서도 수학자의 기발하고 파격적인 일화는 각별히 재미있었다. 소수 연구에 몰입한 나머지 옷 입는 것도 잊은 채 학교에 온 교수의 이야기라든지, 늘 하는 수업이 너무 완벽해서 수업 시간에 한 순간만 멈칫해도 '저 교수가 버벅거렸다!'며 강의실 전체가 들썩거린 이야기라든지, 하나같이 당장은 믿기 힘든 유쾌한 이야기들이었다. 아르키메데스와 오일러, 가우스 같은 과거의 위대한 수학자들의 이름은 얼마간 알고 있었지만 그로탕디에크Grothendieck와 페렐만Perelman, 그로모프Gromov와 위튼Witten, 하물며 일본의 대학에 있는 동시대 수학자에 대해서는 아무것도 몰랐던 내게는 자극적인 이야기들뿐이었다. 그 친구 덕분이었을까, 오카 키요시라는 이름도 어디선가 들은 기억이 있었다.

나는 그날 손에 집어든 〈일본의 마음〉을 집중해서 읽었다. 거기에는 그때까지 내가 몰랐던 광대한 세계가 펼쳐져 있었다. 그러면서도 뭔가 그리운 듯한, 예전부터 잘 알고 있는 세계인 것만 같은 신기한 감각에 휩싸였다. 그 책에는 협의의 의미에서의 수학을 넘어서 '산다는 것', '안다는 것'에 대한 온몸의 실감이 담긴 언어들로 가득했다.

오카 키요시에 따르면, 수학의 중심에 있는 것은 '정서'였다. 계산과 논리는 수학의 본질이 아니며, 중요한 것은 오감으로 만질 수 없는 수학적 대상에 집중하여 지속적인 관심을 유지하는 것이었다. 자타의 구별, 시공의 틀조차 넘어서 큰마음으로 수학에 몰두하다 보면 느껴지는 수학하는 기쁨을 그는 '안팎으로 이중의 창문이 한꺼번에 열림으로써 청랭清冷한 바깥공기가 실내로 들어온다'[2]는 독특한 표현으로 묘사했다.

나는 고등학교 때까지 농구에 빠져 지냈다. 시합에 이기고 지는 것보다 아무 생각 없이 몰두해서 경기의 '흐름'과 일체화될 때의 그 감각을 좋아했다. 농구에 '진실'이 있다고 한다면 그것은 옳은 이론을 익히는 것도 전술을 많이 외우는 것도 아닌, 그저 농구라는 행위에 완전히 몰입해서 '체득'하는 것뿐이라는 사실을 실감하고 있었다.

오카 키요시의 글을 읽고 있으면 왠지 모르게 농구에 몰두하던 날들이 생각났다. 이 사람에게 수학은 온몸과 마음을 다 바친 '행위'라는 생각이 들었다. 머리로 논리를 짜내는 것도 손끝으로 계산을 휘두르는 것도 아닌, 생명을 한곳으로 모아 완전히 수학적 사고의 '흐름'이 되는 일에 더 없는 기쁨을 느끼고 있다는 것이 전해졌다.

나는 오카 키요시에 대해 좀 더 알고 싶어졌다. 그가 응시하는 곳에 내가 정말로 알고 싶은 무언가가 있는 게 아닐까, 하고 생각했다. 간단히 말하자면 '이 사람의 말은 믿을 수 있다'는 것을 직감했다.

수학과 신체를 순례하는 나의 여행은 여기서부터 시작되었다. 오카 키요시가 말하는 수학은 그때까지 내가 알던 것과는 전혀 달랐다. 거기에는 살아 있는 신체의 울림이 있었다. 수학과 신체, 엄청나게 멀리 떨어져 있는 것처럼 보이는 두 세계가 실은 어딘가에서 깊이 관계를 맺고 있는 것은 아닐까 하는 의문이 들었다. 그 장소를 내 눈으로 확인하고 싶어졌으니 수학의 길로 들어가는 수밖에 없었다. 나는 수학을 배우기로 결심했다.

기미 고개로

그로부터 약 5년의 세월이 흘렀을 무렵, 나는 오카 키요시의 고향을 찾아가보아야겠다고 마음먹었다. 수학의 길은 상상했던 것 이상으로 험난해서 덤벼드는 것만으로도 필사적이었지만, 그래도 오카 키요시의 말에 이끌리는 마음만은 변하지 않았다. 수학이라는 행위를 통해 답답한 마음에서 해방되어 어떻게든 '청량한 바깥공기'를 마셔보고 싶다고, 점점 더 강하게 바라게 되었다.

교토에서 고야高野 산 쪽으로 향하는 참배로로서 과거에 번성했던 히가시코야東高野 도로를 따라 오사카에서 와카야마로 들어가는, 정확히 현 경계 지점에 기미紀見 고개가 있다. 오카 키요시는 여기서 어린 시절을 보냈고, 대학을 떠난 뒤에 가족과 함께 돌아와서 은둔하며 수학 연구에 심취했다.

난카이코야南海高野선 기미고개 역에서 내린 나는 지나가는 사람에게 길을 물으며 고개 쪽으로 걸었다. 일본어로 고개를 뜻하는 '상峠' 자는 중국에서 태어난 글자가 아니라 일본인이 만들어낸 국자国字라고 한다. 고개라는 말은 '산의 정상'이라는 객관적인 최대치가 아니라 험한 '오르막길'이 한 단락 끝나고 이제부터 '내리막길'에 접어든다는, 산길을 걷는 여행자의 실감에 기초한 명칭이다. 기미 고개로 접어든 왕년의 여행객들은 고개에서 둘러보는 풍경에 치유되어 다시 힘을 얻고 여행을 계속할 수 있었을 것이다.

기미 고개에는 그런 여행객들에게 휴식을 제공하는 여인숙이 몇 채 있었는데 그 가운데 하나가 '오카야岡屋'이며 메이지 초기까지 오카야를 경영한 오카 분자에몽岡文左衛門의 증손자에 해당하는 사람이 바로 오카 키요시다.

지금은 몇몇 민가가 있을 뿐 여인숙은 남아 있지 않지만 옛 고야 가도와 국도의 중간 지대의 낭떠러지가 있는 곳에는 과거 오카 집안의 부지가 있어서 '오카 키요시가 태어난 곳'이라고 새겨진 훌륭한 석비가 세워져 있다.

수학자, 오카 키요시

오카 키요시는 흔치 않은 수학자다. 1901년에 태어났으며, 수학에 뜻을 두고 교토대학을 졸업한 뒤 그대로 강사 생활을 하다가 마침내 파리로 유학, 귀국한 뒤에는 히로시마 문리과대학에 조교수로 취임해서 순조롭게 수학자의 길을 걸었다. 그런데 1930년대 후반을 기점으로 갑자기 세상과 인연을 끊고 고향인 기미 마을에 틀어박혀 모든 것을 수학 연구에만 바쳤다. 대학 교수직을 버리고, 먹는 것도 사는 집도 입을 옷도 신경 쓰지 않고, 얼마 안 되는 장학금에 의지한 채 오로지 농사와 수학에 심취했다. 아내와 아이가 셋이나 있는 상황에서 그런 삶을 일관한 오카는 확실히 보통 사람은 아닌 듯하다.

오카 본인은 천재라고 불리는 것을 싫어했다고 한다. 하기야 사람은 타고나기를 특별한 것도 타고나기를 평범함에서 벗어나 있는 것도 아닐 터이다. 좋아서 세상을 넘어서거나 넘어서지 않거나 하는 것도 아니요, 다만 각자의 고유한 생애를 인연이 닿는 대로 살아갈 뿐이다.

오카 키요시는 어쩔 수 없는 정열에 이끌려서 '다변수해석함수론'이라는 미개척 분야를 개척했다. 35세 때 발표한 첫 논문을 시작으로 평생 열 편의 논문을 썼다.

고작 열 편이다. 해마다 몇 편씩 논문을 발표하는 수학자가 드물지 않다는 것을 감안하면, 후세에 이만큼이나 높게 평가받는 사람들 중에서는 예외라고 할 만큼 적다고 할 수 있을 것이다. 하지만 적은 논문 수와 내용의 농밀함은 '본질적인 결과 이외에는 발표하지 않는다'는 오카 키요시의 철저한 미의식의 귀결이기도 하다.

오카의 이론은 유럽의 수학자들에 의해 추상화되고, 현대 수학의 이론적 기반을 뒷받침하는 데도 큰 역할을 했다. 해외에서의 평가가 높아짐에 따라 국내에서도 명성이 높아지면서 1960년에는 문화훈장까지 받았으며, 세상의 주목은 한층 더해져 원고 청탁과 강연 의뢰가 쇄도했다고 한다.

우리가 지금 오카의 글을 만날 수 있는 것은 이 무렵의 저작 덕분이다. 특히 1962년에 마이니치신문에 연재한 〈춘소십화春宵十話〉는 단행본으로 나오자마자 베스트셀러가 되어, 그가 발하는 시적이고 심원한 언어에 많은 사람들이 마음을 빼앗겼다.

소년과 나비

'오카 키요시가 태어난 곳'이라는 석비가 세워진 곳에서 발길을 돌려 산을 향해 조금 올라간 곳에 작은 묘지가 있다. 그곳에 오카 키요시와 그의 아내 미치가 잠들어 있다.

묘지의 경사면에 서면 시야가 열리면서 기미의 전원 풍경과 그 안쪽으로 이어지는 산들이 자태를 뽐내고 있다. 이 풍경이 오카 키요시의 수학을 키우고 정서를 길렀다고 생각하니 감개가 한층 깊어졌다.

소년 시절, 오카는 나비 채집에 열중했다. 장마가 끝난 어느 날 아주 기쁜 마음으로 포충망과 청산가리 병을 들고 집을 나왔다. 초등학교 6학년이던 소년은 새롭게 자란 나뭇잎 내음으로 가득한 산길을 걸어서 어린잎 터널을 지나 산속으로 들어갔다. 그러자 안쪽 깊숙한 곳에서 유달리 두터운 상수리나무가 달디 단 수액을 흘리며 곤충들을 부르고 있었다. 그곳에 큰 나비가 앉더니 접고 있던 날개를 천천히 펼쳤다. 날개가 강한 햇빛을 받아서 번쩍, 하고 자주색으로 빛났다. 줄곧 찾아다닌 왕오색나비였다. 소년은 너무나 아름다워서 자기도 모르게 숨을 멈추고 한동안 그 모습을 지켜보았다. 이때 '발견의 예리한 기쁨'을 처음으로 알았노라고, 오카는 훗날 회상한다.

왕오색나비는 매우 강한 비상력을 지니고 있어서 넓은 계곡을 힘들이지 않고 건넌다고 한다. 고개에서 기미의 풍경을 둘러보면서 나는 열심히 나비를 쫓는 소년의 모습을 그렸다. 종횡무진 가볍게 날아다니는 나비, 한 손에 포충망을 들고 오직 나비를 쫓는 소년…. 나풀나풀, 때로는 반짝반짝 자주색으로 빛나며 소년의 마음을 사로잡고 놓아주지 않는 나비. 저 나비처럼 꽃에서 꽃으로, 나무에서 나무로 날 수 있다면 넓은 계곡 건너편도 바로 저기라고 느낄 수 있을까. 몇 미터 앞에 있는 꽃도 바로 코앞에 있다고 여길 수 있을까. 나비의 행위가 나비의 풍경을 만들어내는 것일까. 소년과 나비, 두 개의 풍경이 교차하는 하나의 풍경이 눈앞에 선명하게 떠올랐다가 가을바람에 휩쓸리듯이 다시 사라졌다.

풍경의 시원

생물이 체험하는 것은 그 생물과 독립된 객관적인 '환경umgebung'이 아니라 자신의 행위와 지각으로 만들어낸 '환세계環世界, umwelt'다. 생물을 기계적인 객체로 간주하는 행동주의가 지극히 융성했던 시대에 생물을 하나의 주체로 간주해서 이렇게 피력한 사람은 독일의 생물학자 윅스퀼Uexkül(1864~1944)이다.

윅스퀼의 발상은 소박하다. 아무리 아름다운 케이크가 있어도 짐승의 피를 쫓는 모기는 눈길을 주지 않는 것처럼, 어떤 생물에게는 강렬한 '의미'를 가진 자극이 다른 생물에게는 전혀 무의미할 수도 있다는 것이다. 우리는 자칫 모든 생물이 이미 주어진 객관적인 환경에서 살고 있다고 생각하기 쉽지만, 각각의 생물을 둘러싸고 있는 것은 어디까지나 그 생물에 고유한 국소적인 세계(환세계)일 뿐이다. 윅스퀼의 말에 따르면 나비에게는 나비의 환세계가 있고 벌에게는 벌의 환세계가 있다.

그의 저서 〈생물로부터 본 세계〉의 첫머리에서 윅스퀼은 진드기의 환세계를 묘사한다. 진드기에게 생물학적으로 의미를 갖는 것은 주위에서 밀려드는 막대한 정보 가운데 극히 일부뿐이다. 교미를 끝낸 수컷 진드기는 나뭇가지 끝에서 동물을 기다린다. 그러다 포유류의 피부에서 분비되는 부티르산 냄새가 감돌면 앞뒤 재지 않고 몸을 던진다. 무사히 먹잇감에 착지하면 이번에는 후각 대신 열에 의지해서 움직이기 시작한다. 가능한 한 털이 없는 따뜻한 장소를 찾아가서 동물의 피부 속으로 숨어든다.

부티르산 냄새, 동물의 피부 감촉과 온도 그리고 이러한 자극에 반응하여 움직이는 몇 가지 단순한 행위. 이것이 진드기의 환세계의 전부다. 이것 이외에 다른 막대한 환경 정보와 그로부터 나올 수 있는 행위의 가능성은 진드기에게 무의미하다. 아니, 무의미하다기보다는 애당초 존재하지 않는 것과 같다.

윅스퀼은 진드기의 환세계를 논하면서 진드기에게 부티르산이 어떤 냄새와 맛이 나는지를 묻지 않는다. 단지 부티르산이 생물학적으로 중요하며 진드기에게 작용한다는 사실에만 주목한다. 그리고 진중하게 생물학의 세계에 '생물로부터 본' 시점을 도입했다.

마술화한 세계

〈생물로부터 본 세계〉의 후반부에 '마술적 환세계'라는 제목이 붙은 장이 있다. 그 앞머리에 한 소녀의 이야기가 등장한다.

소녀는 성냥갑과 성냥으로 과자의 집과 '헨젤과 그레텔'과 마녀 이야기를 하면서 혼자 조용히 놀고 있다. 그러다 갑자기 "마녀 좀 어딘가로 데리고 가버려! 이렇게 무서운 얼굴을 더는 못 보겠어!"라고 외친다. 이 이야기를 소개하면서 윅스퀼은 '적어도 이 소녀의 환세계에는 나쁜 마녀가 생생하게 나타나고 있었다'고 말한다.

소녀의 환세계에는 분명히 그녀의 상상력이 개입하고 있다. 진드기의 비교적 단순한 환세계와는 달리 소녀의 환세계는 외적 자극에 귀착할 수 없는 요소를 가지고 있다. 이것을 윅스퀼은 '마술적magische 환세계'라 불렀다.

이 마술적 환세계야말로 사람이 경험하는 '풍경'이다.

사람은 모두 '풍경' 안에서 살고 있다. 이것은 객관적인 환경세계에 대한 정확한 시각상이 아니라, 진화를 통해서 획득된 지각과 행위의 연관성을 기초로 지식과 상상력이라는 '주체로밖에 접근할 수 없는' 요소가 뒤섞이면서 발생하는 실감이다. 무엇을 알고 있는가, 어떻게 세계를 이해하고 있는가, 무엇을 상상하고 있는가가 풍경이 나타나는 방식을 좌우한다.

풍경은 어딘가에서 주어지는 것이 아니라 그 순간, 그 장소에서 끊임없이 생성되는 것이다. 환세계가 오랜 진화의 내력 속에서 성립하는 것과 마찬가지로 풍경 또한 그 사람이 짊어진 생물로서의 내력과 인생이라는 시간의 축적 속에서 환경세계와 협력하면서 만들어지는 것이다. 이처럼 우리는 언제나 마술화한 세계를 살고 있다. 아니, 끊임없이 세계를 마술화하면서 살고 있다고 말하는 것이 더 정확할지 모른다.

수학도 수학만이 가지는 고유한 풍경을 만들어낸다. 역사적으로 구축된 수학적 사고를 둘러싼 환경세계 안에서 수학자는 다양한 도구를 구사하면서 행위(사고)한다. 이 행위가 새로운 '수학적 풍경'을 만들어간다.

데카르트가 본 기하학의 풍경, 칸토어와 데데킨트가 본 연속체의 풍경, 오카 키요시가 본 다변수해석함수론의 풍경. 수학자 앞에는 늘 풍경이 펼쳐져 있어서 그들은 그것을 응시하고, 보다 정교하고 치밀하게 만들고자 마치 풍경에 유혹 당하듯이 수학을 한다.

수학자란 이런 풍경의 포로가 되어버린 사람을 가리킨다.

성능이 썩 좋지 않은 뇌

우리가 경험하는 '풍경'은 진화를 통해 획득한 지각과 행위, 지식, 상상력 등이 복잡하게 얽히면서 만들어진다. 무언가를 아는 것, 무언가를 만나는 것은 모두 이 '풍경' 안에서 일어나는 사건이다.

수학도 예외는 아니다. '2'라는 숫자를 떠올려보기 바란다. 이것은 개개인 앞에 펼쳐지는 '풍경'에서 뭔가 실감을 띤 대상으로 나타날 것이다. 우리는 주관이 완전히 배제된 '2' 자체를 경험할 수는 없다. 모든 수학적 대상은 '풍경' 안에서 나타나기 때문이다.

이러한 생각을 다른 관점으로 보다 자세하게 검토해보기로 하자.

fMRI 기술의 진보 덕분에 수학적 사고에 동반하는 뇌 활동에 대한 인지신경과학적인 연구가 최근 눈부신 진전을 보이고 있으며, 뇌와 수학적 사고의 관계도 조금씩 해명되고 있다.

뇌에서 특히 수의 인지와 깊은 관계가 있는 것으로 보이는 부분이 뇌 후두부에 있는 '두정간구頭頂間溝'의 일부로, 인지신경과학자인 스타니슬라스 데하네Stanislas Dehaene에 의해 'hIPSthe horizontal segment of the bilateral intraparietal sulcus'라 명명된 영역이다. 이곳이 수, 특히 양적인 측면과 관계가 있다고 알려져 있다.

데하네의 저서 〈*The Number Sense*〉에 따르면 hIPS는 복수의 점點을 보여주었을 때도, 아라비아숫자 '3'을 보여주었을 때도, '삼'이라는 말을 들었을 때도 활동한다고 한다.[3] 즉, 쓰여 있는 수든 목소리를 통해 나온 수든 제시되는 감각의 종류에 관계없이 반응한다는 것이다.

반응의 강도는 숫자의 크기나 숫자끼리의 간격에 대응해서 변한다. 예를 들어 '59와 65'를 보고 있을 때가 '19와 65'를 보고 있을 때보다 활발하게 활동한다.[4] 두 숫자 사이의 간격이 좁으면 좁을수록 활동이 활발해지는 것이다.

계산을 할 때는 정확한 계산보다 대략적인 계산을 할 때 더 활발하게 움직인다. 예를 들어 15+24=99라는 식을 보면 대부분의 사람은 이 식이 틀렸다는 것을 금방 알아차릴 것이다. 이러한 직관적인 수량의 파악에 동반해서 hIPS는 눈에 띄게 활성화된다. 반대로 정확하게 15+24=39라고 계산하려고 하면 hIPS의 활동량은 줄어들고 대신 좌뇌에 있는 언어와 관련된 부위의 활동이 활발해진다.[5]

이렇게 말하면 hIPS의 신경세포가 순수하게 수량의 파악에만 특화되어 있나 싶겠지만, 그렇게 단순하지는 않다. hIPS의 신경회로는 크기나 위치 등에 반응하는 주위의 뉴런과 상호작용을 하는데, 결과적으로 '수량'의 감각과 '물리적인 크기'의 감각과 '위치'의 감각이 뒤섞인다.

예를 들어 숫자 두 개의 대소를 비교할 때 '2와 5'라고 쓰기보다 '2와 5'라고 쓰는 것이 반응속도가 늦어지거나 틀리기 쉬워진다.[6] 또 화면에 계속해서 수를 표시하면서 그 수가 '65보다 큰지 작은지'를 판정하는 단순한 테스트에서도 '크다'고 대답하는 버튼을 오른손에 드는 경우가 왼손에 드는 경우보다 성적이 올라가는 경향이 있다고 한다.[7] 수량의 크기와 위치 정보가 뇌 안에서 '혼동'을 일으켜 큰 숫자일수록 오른쪽에 있을 거라고 지레짐작해버리기 때문이다.

hIPS의 신경회로가 주위의 신경세포들과 상호작용한 결과로서 수학의 지각이 시간의 감각과 함께 뒤섞이는 것을 시사하는 연구가 있다. 큰 숫자를 보여주었을 때가 작은 숫자를 보여주었을 때보다 그 숫자를 장시간 본 것처럼 착각하기 쉽다는 것이다.[8]

현대 수학에서는 공간적 직관에 뿌리를 둔 '기하'와 수의 구조를 연구하는 '수론' 그리고 시간의 직관과도 깊이 관련된 '대수'와 '해석'의 방법이 서로 깊은 영향을 미치며 관계를 맺는 양상이 스릴 넘치는데, 수학에서 이들 분야가 통합되기 이전에 이미 인간의 뇌 안에서 '공간'과 '시간'과 '수'와 관련한 정보 처리가 나누기 힘들 만큼 융합하고 있었다고 한다면 흥미롭지 않을 수 없다.

안구 운동과 수의 지각 사이의 관계를 시사하는 연구도 있다. 앙드레 크놉프스와 동료들은 안구를 좌우로 움직일 때 활동하는 후두정엽 부위가 덧셈과 뺄셈을 할 때도 똑같이 활동한다는 것을 발견했다. 덧셈을 할 때의 뇌 활동은 안구를 왼쪽에서 오른쪽으로 움직일 때의 뇌 활동과 아주 비슷하고, 반대로 뺄셈을 할 때는 안구를 오른쪽에서 왼쪽으로 움직일 때와 비슷한 뇌 활동을 보인다고 한다.[9]

계산할 때 반드시 실제로 안구를 움직이는 것은 아니지만 무의식중에 '마음의 눈'을 이동시키는 것이다. 수학적으로 작은 숫자가 왼쪽에 있어야 하고, 큰 숫자가 오른쪽에 없으면 안 되는 이유는 없는데, 뇌에서는 더하는 것과 오른쪽으로 이동하는 것이 끊으려야 끊을 수 없이 결부되어버린 것이다.

수량 파악에 동반되는 hIPS의 신경세포 활동이 '위치'와 '크기'와 '시간'에 관련된 정보 처리를 뒷받침하는 주위의 뇌 영역으로 새어나간 결과, 숫자를 보는 것만으로 공간과 시간 감각이 생겨나거나 계산에 동반해서 시선을 이동시키는 감각이 생기는 것이라고 데하네는 추측하고 있다.

이처럼 우리가 숫자에 대해 생각하거나 숫자를 사용해서 계산할 때는 결코 추상적인 '숫자 그 자체'를 순수하게 인식할 수 있는 것이 아니다. 뇌는 수량에 관한 지각을 크기와 위치와 시간 등, 수와는 직접 관계가 없는 다른 '구체적인' 감각과 연결지어버린다. 그것은 숫자를 지각하기 위해서만 진화해온 것이 아닌, 뇌를 사용해서 숫자를 파악하려고 하는 데서 나온 이른바 부작용 같은 것이다. 뇌는 수학하기에는 부족한 부분이 꽤 많은 기관이다. 하지만 이 부족함이야말로 수학적 풍경의 기반이다.

뇌의 바깥으로

생명체는 단지 살아 있다는 것만으로도 계속해서 곤란과 조우하게 된다. 전혀 상정하지 않았고 상상도 하지 못했던 새로운 과제에 부닥치는 경우도 있다. 이럴 때에도 생물은 자신의 수중에 있는 도구와 신체로 어떻게든 살아남았다.

손가락을 써서 셈을 하는 것도 그렇다. 손가락은 애당초 물건을 잡기 위해 사용되어온 것이지 헤아리기 위한 기관은 아니었다. 실제로 인간의 오랜 진화 과정에서 '셈'의 필요성에 쫓기기 시작한 것은 지극히 최근의 일이다. 막상 셈할 필요가 생기자 물건을 잡기 위해 사용하던 손가락을 '전용轉用'할 수밖에 없었다. 어디까지나 그 상황에서 살아남기 위한 방법이었으니 당연히 안 좋은 여파가 있기 마련이다.

보통 손가락을 사용해서 셈을 하면 10까지밖에 셀 수가 없다. 그래서 '10'이 셈을 할 때의 단위로 정착했다. 무수히 많은 숫자 가운데 '10'이 특별 취급을 받지 않으면 안 되는 수학적인 이유는 어디에도 없는데 말이다.

실제로 컴퓨터상에서 숫자는 이진법으로 표현된다. 뭐라고 해도 두 가지 기호만으로 모든 수를 나타낸다는 것은 매력적이다. 이 점에서 이진법은 십진법보다 훨씬 우아하지만 전 세계 대부분의 사람들은 십진법을 사용한다. 그 이유는 신체를 써서 숫자를 다루는 인간에게 십진법이 때마침 운용상 가장 합리적이었다는 것뿐이다.

도구라는 것은 무턱대고 만들 수 있는 것이 아니다. 그것이 효과적으로 기능하기 위해서는 인간의 신체에 달라붙을 필요가 있다. 가위는 손가락이 통하기 쉽고 힘이 전달되기 쉬워야 한다는 인간 신체의 특수한 조건에 적합한 형태로 만들어졌다. 도구는 크든 작든 사용자인 인간의 모습을 그 구조 안에 반영하고 있다.

수학에서 사용하는 다양한 도구에도 잘 보면 인간이 반영되어 있다. 예를 들어 '수직선數直線'이라는 개념이 있다. 0을 중심으로 해서 일직선상의 오른쪽을 향해서 정正의 수, 왼쪽을 향해서 부負의 수가 순서대로 나열된다고 하는, 수 세계의 기하학적인 묘상이다.

흩어져 있는 수와 연속적인 직선을 하나로 융합하는 것이니까, 생각해보면 대담한 발상이다. 애당초 '수'와 기하학적인 '위치'는 개념으로서는 다른 것인데 이것을 뒤섞어 하나로 만든 것이다.

이런 대담한 발상임에도 제대로 가르치면 초등학생도 수직선을 이해할 수 있다. 왜냐하면 수와 직선을 연결 지으려는 충동이 처음부터 인간에게 있었기 때문이다. 앞서 말한 것처럼 인간의 뇌 안에서는 수와 위치가 지극히 가까운 관계에 있다. 그래서 숫자의 세계를 직선으로 상상하는 것이 자연스럽게 느껴지는 것이다.

단, 뇌과학적 지식이나 견해를 끌어들임으로써 모든 것을 뇌 이야기로 환원할 의도는 추호도 없다. 우리가 경험하는 세계의 모든 것이 뇌에 의해서 만들어졌다고 생각하는 것은 착각이다. 뇌는 우리가 경험하는 세계의 유일한 원인은 아니다.

애당초 뇌의 가장 우선적인 기능은 살기 위해 유효한 행위를 만들어내는 데 있다. 그 가운데서도 특히 중요한 일은 효과적인 행위를 생성하기 위해서 환경세계와 신체를 중개하는 것이다. 이렇게 만들어진 다양한 행위의 반복이 다시 반대로 조금씩 우리 뇌의 형태를 만들어간다. 뇌는 사람이 경험하는 세계의 하나의 원인인 동시에 사람이 다양하게 경험해온 것들의 귀결이기도 하다. 뇌만을 환경세계와 신체적 행위의 문맥에서 분리해서 특권적 지위를 부여하는 일이 현명하다고는 생각할 수 없다. 끈질겨 보이겠지만 내가 강조하고 싶은 것은 다음과 같은 것이다.

수학적 사고는 모든 사고가 그런 것처럼 신체와 사회, 나아가 생물로서의 진화 내력과 같은 커다란 시공간의 확장을 무대 삼아 발생한다. 뇌만을 보고 있어도, 육체 내부만을 보고 있어도, 거기에 수학은 없다.

'안다'는 것

'안다'는 경험은 뇌 또는 육체 내부보다 훨씬 넓은 장소에서 일어난다. 그런데도 자연과학이 이성을 특별히 강조해서 심적 과정의 모든 것을 뇌 안의 물질현상으로 환원하려고 함으로써 '사람의 마음이 좁은 곳에 갇혀버렸다[10]'고, 오카 키요시는 한탄한다.

신체, 감정, 의욕이라고 하면 해결될 것을 사람들은 왠지 자신의 신체, 자신의 감정, 자신의 의욕이라고 말하지 않고는 견딜 수 없어 한다. 그런데 수학을 통해서 무언가를 정말로 알려고 할 때는 오히려 이 '자신의'라는 의식이 방해가 된다. '자신의'라는 한정을 지우는 것이 정말로 무언가를 '알기' 위한 조건인 경우도 있다.

'안다'는 경험의 본래 깊이를 드러내는 사례로 오카는 종종 '다른 사람의 슬픔을 안다'는 것에 대해 쓰고 있다.

다른 사람의 슬픔을 안다는 것은 다른 사람의 슬픔의 정情에 자신도 감염되는 것이다. 정말로 다른 사람의 슬픔을 안다는 것은 슬프지 않은 자신이 슬픈 누군가의 마음을 헤아려서 '이해'하는 것이 아니라 자신도 완전히 슬퍼지는 것이다. '다른 사람의' 슬픔, '자신의' 슬픔이라는 한정을 넘어서 단적인 '슬픔'이 되는 것이다. '이치로 아는' 것이 아니라 정이 그것과 동화하는 것이다.

우리는 본디 태어날 때부터 타자와 공감하는 강한 능력을 가지고 있다. 1996년에 이탈리아의 자코모 리촐라티Giacomo Rizzolatti와 동료들은 원숭이 실험에서 '미러 뉴런'을 발견해 화제를 불러일으켰다. 이 실험에 따르면, 원숭이가 뭔가 물건을 들어올리는 동작을 하면 이에 동반해서 뇌의 일부분이 활성화된다고 한다. 그런데 놀랍게도 동일한 뇌 부위가 다른 원숭이가 무언가를 들어올리는 동작을 보는 것만으로도 활성화되었다. 자신이 운동을 하고 있을 때뿐만이 아니라 타자의 운동을 보고 있을 때도 그 운동을 마치 자신이 하고 있는 것처럼 뇌가 활동하는 것이다. 이처럼 타자의 운동을 모방mirror하는 기구가 뇌 안에 있다는 것을 그들은 밝혀냈다.

라마찬드란Ramachandran이라는 뇌과학자도 미러 뉴런에 관한 매우 흥미로운 실험을 수행했다.[11] 미러 뉴런이 타자의 운동뿐만 아니라 타자의 '아픔'도 모방한다는 것이다. 예를 들어 눈앞에 있는 사람의 손이 도끼로 힘껏 내려쳐지는 것을 보면 자신도 무심코 손을 빼게 될 것이다. 눈앞에 있는 사람의 '아프다'는 감각을, 보고 있는 사람의 미러 뉴런이 모방하기 때문이다. 그래서 보고 있는 사람도 무심코 손을 끌어당기게 되는데, 물론 정말로 아픈 것은 아니다.

라마찬드란은 여기에 주목했다. 미러 뉴런은 타자의 운동과 감각을 모방한다. 타인이 아파하는 것을 볼 때 자신이 아플 때 활동하는 뇌 부위의 일부분이 발화한다. 그렇다면 왜 자신은 정말로 아프지 않은 것일까.

라마찬드란은 손의 피부와 관절에 있는 수용체로부터 '나는 닿지 않았다'라는 무효 신호가 나와서 미러 뉴런의 신호가 의식에 이르는 것을 저지하는 것은 아닐까 하고 추측했다. 그리고 이 아이디어를 검증하기 위해 걸프전쟁에서 한쪽 팔을 잃은 험프리라는 환지幻肢 환자에게 협력을 의뢰했다.

환지 환자는 팔다리가 없음에도 아직 팔이 붙어 있다는 환상을 품고 있다. 실제로 험프리 또한 전쟁에서 팔을 잃었음에도 누군가가 자신의 얼굴을 만질 때마다 잃어버린 손의 감각을 느끼고 있었다.

라마찬드란은 그런 험프리에게 주리라는 다른 학생을 보게 하면서 주리의 손을 쓰다듬거나 쳤다. 그러자 험프리는 놀란 모습으로 주리의 손이 겪는 감각을 자신의 환지로 느낀다고 외쳤다.

라마찬드란이 예상한 그대로의 결과였다. 험프리의 미러 뉴런은 정상적으로 활성화되었지만 그것을 부정할 손으로부터의 무효 신호가 없어서 미러 뉴런의 활동이 그대로 의식 체험으로 나타난 것이다.

라마찬드란이 '획득성 과공감過共感'이라 이름 붙인 이 현상은 환지 환자가 아니더라도 정상인의 팔을 마취하는 것만으로 재현할 수 있다는 사실이 밝혀졌다. 마취에 의해 피부로부터의 감각 입력을 차단당하면 누구든지 눈앞에 있는 사람과 말 그대로 아픔을 공유하게 되는 것이다.

'당신의 의식과 다른 누군가의 의식을 가로막고 있는 유일한 것은 당신의 피부일지도 모른다!' 라마찬드란은 이런 인상적인 말로 실험 보고서를 마무리한다.

이 실험은 우리의 마음이 얼마나 타자와 통하고 공감하기 쉬운 것인지를 뚜렷하게 보여준다. 뇌 안에 갇힌 마음이 있어서 그것이 환경으로 새어나오는 것이 아니라, 우선 신체와 환경을 횡단하는 커다란 마음이 있고 이것이 나중에 가상적으로 생성된 '작은 나'에게로 한정되어간다고 생각해야 하는 것은 아닐까.

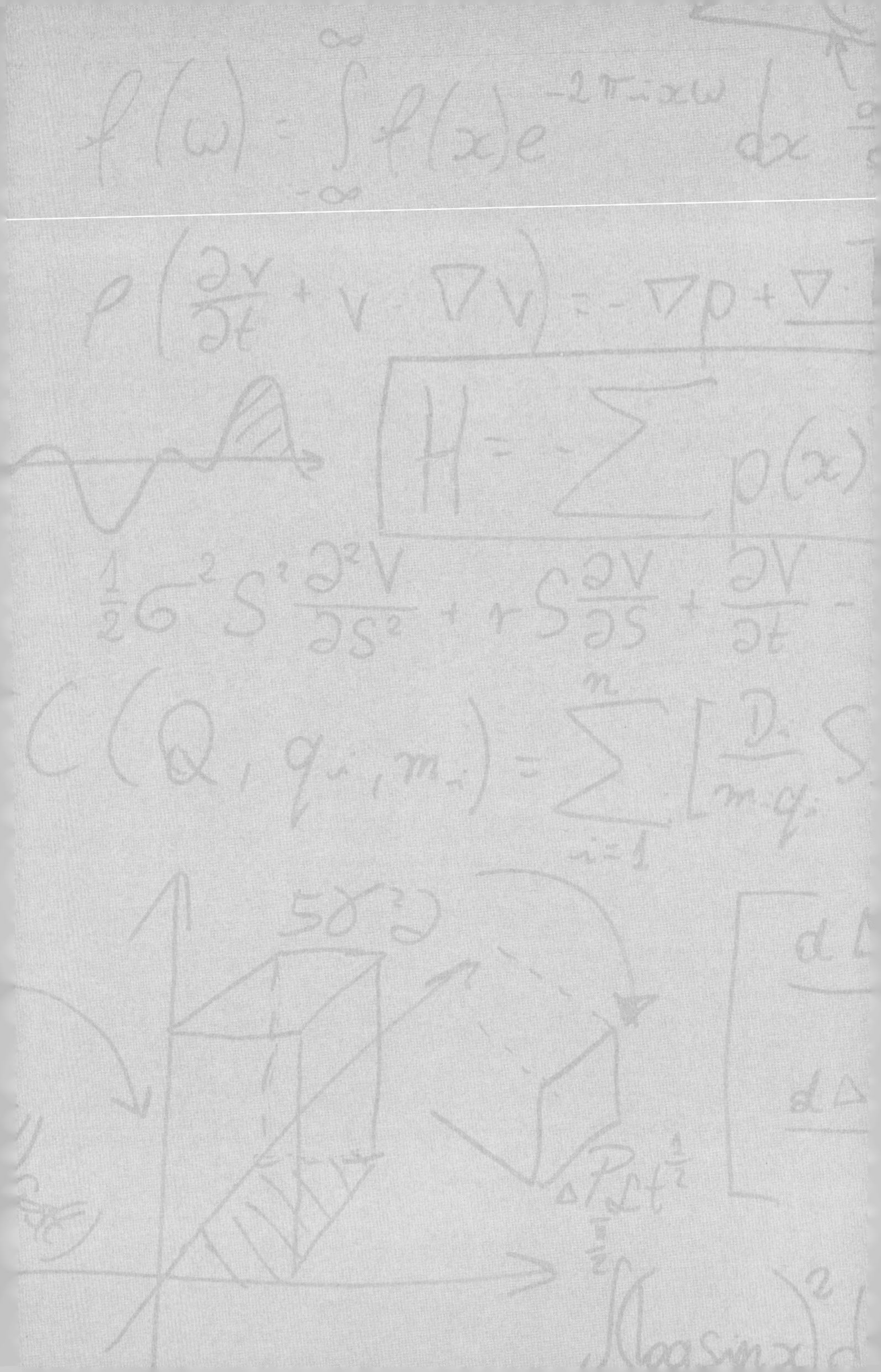

4장

영零, 0의 장소

아, 마침내 너를
수학적 발견 그 자체를
살아 있는 육체와 함께 잡을 수가 있었다![1]

— 오카 키요시

고대에는 그리스 이외에도 인도와 중국, 메소포타미아와 남아메리카 등 문명이 있는 곳이면 어디든 저마다 개성적인 수학 문화가 있었다. 그 이후의 수학의 역사도 하나의 흐름으로 회수하기에는 도저히 불가능할 만큼 다양한 확장을 보여주고 있다. 고대 그리스로부터 근대 서구 수학을 거쳐 현대 수학으로 이어지는 계보만이 수학사의 모든 것은 아니다.

예를 들어, 에도시대의 일본에는 '와산和算(중국의 고대 셈법을 기초로 에도시대에 일본에서 발달한 수학-옮긴이)'이라는 독자적인 수학 문화가 있었다. 와산에서는 곧장 추상화와 보편화로 향하지 않고 특수한 설정 아래에서 구체적인 사례를 많이 익힘으로써 배경에서 작동하는 원리를 조금씩 '깨달아가는' 학습법과 교수법이 중시되었다고 한다.[2] 와산에는 서구 근대 수학과는 다른 미의식과 가치관이 있었던 것이다.

그런데 메이지시대에 일본은 와산을 버리고 느닷없이 근대 서구 세계에서 탄생한 '양산洋算'으로 고개를 돌렸다. 서양의 과학기술을 받아들여 사회 전체의 근대화를 서두르기 위해서는 양산의 습득이 급선무였다. 특히 1872년(메이지 5년) 공표된 학제에 의해 교육 현장에서 전면적으로 양산 채용을 결정하자 와산 문화는 급속하게 쇠퇴해갔다.

양산의 배경에는 고대 그리스 이래의 철학이 있고, 아라비아 수학의 영향이 있고, 크리스트교 사상이 있다. 일본은 이러한 복층적인 문맥을 짊어진 수학을 빠른 속도로 해외에서 수입했던 것이다. 표면상의 형식을 수용했다 하더라도 그것을 우리 것으로 만드는 일은 쉽지 않다. 문화로서 뿌리내리도록 하려면 그 토지에서 시간을 들여 수학을 키워나갈 필요가 있기 때문이다. 애당초 '양산'은 몇 백 년에 걸친 고대 수학의 '재생' 과정 끝에 겨우 피어난 꽃이었다. 문화를 넘어선 수학의 계승은 하루아침에 이루어지지 않는다.

파리에서 보낸 날들

오카 키요시가 '생애를 걸고 개척해야만 할 수학적 자연 속에 있는 토지'[3]를 찾아 일본을 떠나 프랑스로 향한 것은 1929년 봄의 일이다. 히로시마 문리과대학 부임을 전제로 한 국비 유학으로, 유럽에서 성장한 근대 수학의 전통을 흡수하기 위해 나라에서 보내준 것이었다.

오카는 처음 방문한 파리에서 맛있는 커피와 커피숍의 분위기, 세련된 음악과 어디선지도 모르게 흘러나오는 찬송가 등에 하나하나 신선한 감동을 받았다고 한다. 대학 도서관을 드나들며 이러한 문화의 흐름에 그대로 몸을 맡기고 '해파리처럼 둥둥 떠 있기'[4]만 하면 자신을 목적지까지 데려다주지 않을까 하는 기분도 들었다고 한다.

2년째에는 아내 미치가 합류했고, 파리에서 만난 고고학자 나카야 지우지로中谷治宇二郎와도 마치 가족처럼 친밀한 교류를 한다. 여름에는 피서를 겸해 카르나크라는, 거석巨石으로 유명한 마을로 갔다. 필드워크가 목적이기도 했던 지우지로는 당장 자석과 지도를 한 손에 들고 조사를 시작했고, 미치도 뒤를 따랐다. 오카는 그들의 등을 바라보면서 거석에 기대어 수학책을 탐닉했다. 이들은 여름 햇빛을 받으며 조용하고 행복한 한때를 보냈다.

겨울에는 셋이 파리 교외에 있는 하숙집으로 옮겼다. 낮에는 각자의 일에 열중하고, 밤에는 난로를 끼고 앉아서 많은 이야기를 나누었다. 오카가 만년이 되어서도 이때의 광경이 그립게 떠오른다고 했을 만큼 풍요로운 시간을 함께했다.

1931년에는 만주사변이 일어났다. 프랑스에 있던 오카 키요시는 '마치 문밖에서 폭풍을 만난 것처럼'[5] 따가운 비난의 말을 지나가는 사람들로부터 들었다고 한다. 하숙집에서도 주눅이 들었을 테고, 자신이 일본인이라는 것을 의식할 기회도 자연스럽게 늘었을 것이다.

꼭 그 때문이라고 할 수는 없겠지만 이 무렵부터 오카는 막연한 결핍감에 시달리게 된다. 파리에서 고대로부터 전해져 내려오는 문화의 흐름을 느끼고, 이에 강렬한 인상을 받으면서도 왠지 '뭔가 아주 중요한 것이 빠져 있다'[6]는 것을 느끼기 시작한다. 일본에는 공기와 물처럼 얼마든지 있는데 파리에는 없는 것이 있었으니, 아마 일본을 걱정하고 그리워하는 마음이 그를 바쇼芭蕉의 세계로 이끌었을 것이다. 일본에서 보내온 〈바쇼 칠부집芭蕉七部集〉, 〈바쇼 연구집芭蕉連句集〉, 〈바쇼 유어집芭蕉遺語集〉 등을 열심히 읽기 시작한 것도 이 무렵의 일이었다.

정신의 계보

"일생에 빼어난 작품 3구나 5구 있는 사람은 작가요, 10구에 이르면 명인이다." 지난날 바쇼가 제자인 본초凡兆에게 했다는 말이다.[7] 작가가 살아 있는 동안 뛰어난 시를 3구나 5구 정도 쓸 수 있으면 되고, 10구쯤 되면 명인이라고 한 것이다.

젊은 날의 오카는 이것을 종종 의아하게 여겼다. 5·7·5음절짜리 시를 세 편 또는 다섯 편 쓰는 것을 목표로 산다는 것은 마치 연못에 깔린 살얼음판 위에 온몸을 맡기는 것과 같다. 어떻게 그것이 가능한가.

살얼음판 위에 온몸을 맡긴다는 점에서는 수학의 길도 하이쿠俳句와 다르지 않다. 구형句形의 제약은 없지만 수학이 기대는 것은 '수'라는, 손으로 만질 수도 눈으로 확인할 수도 없는 대상이다. 있는지 없는지도 모르는 '수'에 생애를 거는 수학자의 발밑 또한 살얼음판이다. 하물며 오카가 파리에서 유학한 시기는 2장에서 다룬 '수학의 기초'를 둘러싼 논쟁의 열기가 아직 식지 않은 때였다. 이러한 논쟁에 오카가 얼마나 관심을 가지고 있었는지는 알 수 없지만 수학의 지반을 둘러싼 불안감이 전례 없이 들썩거리던 시대였음은 틀림이 없다. 앞으로 나아가야 할 길을 정하고자 파리로 건너간 오카가 바쇼의 삶을 동경한 것도 우연만은 아닐 것이다.

오카 키요시가 바쇼의 작업을 본격적으로 연구하기 시작한 것은 유학을 마치고 귀국한 뒤의 일이다. 오카는 공부를 계속하면서 바쇼의 발밑이 사실은 살얼음판이 아니었다는 것을 깨닫는다.

> 하이쿠는 감각의 세계에 있는 것이 아니라 그보다 더 깊은 정서의 세계에 있었던 것이다. 이로써 일단 의문은 풀렸다….
>
> – 〈오카 키요시 전집 제2권〉 '새벽을 기다리다'에서

예를 들면

> 가을 깊은데 이웃은 무얼 하는 사람일까.

라는 바쇼의 하이쿠가 있다. 이것을 쓸쓸하다고 보는 것은 '감각'이다. 확실히 표면에는 쓸쓸함도 있지만 그 근저에 있는 것은 그리움이다. 가을도 깊어지면 이웃 사람이 무얼 하고 있는지 그리워진다. 바쇼와 다른 사람 사이에 서로 마음이 통하고, 이렇게 서로 통하는 마음이 곧 정서다.

바쇼는 감각이 아니라 정서의 세계를 걷고 있었다. 표면적으로는 외로운 듯하지만 뿌리는 따뜻한 자연에 안겨 있다. 이 사실을 안 순간 살얼음판처럼 미덥지 못하다고 여겼던 바쇼의 지반이 사실은 '금강불괴金剛不壞'의 '돌바닥'이었다는 것을 오카는 깨달았다.[8]

수학도 바쇼처럼 걸을 수 있지 않을까? 수학자는 '수학적 자연'을 걷는 여행자다. 거기서 자타를 대립시킨 채 주위를 둘러보면 수학적 자연도 어차피 미덥지 못하다. 수란 무엇인가. 집합일까? 그렇다면 집합이란 무엇인가. 집합의 이론에 모순은 없는가. 살얼음 바닥을 논리로 채우려는 노력은 이처럼 끝없는 미궁에 빠진다. 미궁은 그 자체로 사람의 마음을 매료시키는 무언가를 가지고 있지만 거기에는 더 이상 당초의 수학적 자연의 반짝거림은 없다. '1'이라는 수의 실감은 사라지고 무모순인 형식계의 무의미한 기호에 붙은 라벨로 간주된다.

"수학에서 자연수인 1이란 무엇인가를, 수학은 전혀 모른다"고 오카는 말한다. 뿐만 아니라 "이것은 도저히 감당할 수 없는 것으로서 처음부터 완전히 불문에 부쳐져 있다"고도 했다.[9] 수학에서 자연수인 1이란 무엇인가, 수학은 모른다. 이것을 알고 있는 자가 있다고 한다면 그것은 수학을 하는 수학자 자신 이외에는 아무도 없다. 집합의 이론도 현대의 논리학도 없던 시대에 오일러와 가우스와 리만의 마음속에는 자연수가 구성하는 풍경이 생생하게 비추고 있었을 것이다. 수학적 자연과 그들 사이에 서로 통하는 마음이 있었을 것이다. 이 서로 통하는 마음이 수학에 생명을 부여한다.

수학적 대상을 기호화하고 객관화해서 수학의 엄밀성과 생산성을 끝까지 추구해나가는 20세기 수학의 큰 흐름 속에서 오카는 수학을 객관화하기보다 신체화하는 것, 수학을 대상화하기보다 그것과 하나가 되는 방향으로 나아갔다.

험준한 산악지대

프랑스 유학 중에 오카가 '생애를 걸고 개척해야만 할 수학적 자연 속에 있는 토지'로 정한 것은 '다변수해석함수론' 영역이었다. '해석함수'라는 말이 귀에 익지 않을 수도 있지만 고등학교 수학에 나오는 다항식이니 삼각함수, 지수함수

같은 고전적인 함수는 모두 해석함수이다. 단, 오카 키요시가 연구한 것은 이런 함수 가운데서도 특히 변수를 두 개 이상 가지는 것, 게다가 그 변수가 복소수[10]인 '다변수복소해석함수' 이론이다.

일변수해석함수의 세계에 대해서는 코시와 리만, 바이어슈트라스 등의 노력에 의해 전체상을 한눈에 볼 수 있는 아름다운 이론 체계가 19세기 중에 이미 구축되었다. 다변수의 세계도 그 순수한 연장으로 비교적 순조롭게 이해가 진행될 것이라는 견해도 있었다. 그런데 20세기가 되자 다변수의 세계를 통제하는 원리가 일변수의 경우와 상상 이상으로 다르다는 것이 차례로 밝혀졌다.

앞서 오카는 생애에 걸쳐서 열 편의 논문을 발표했다고 했는데, 그 아홉 번째 논문에서 당시 다변수해석함수가 직면한 어려움을 다음과 같이 묘사하고 있다. "코시와 리만, 바이어슈트라스 등 19세기 수학자들의 노력에 의해 일변수해석함수론은 '평탄한 들판'으로서 한눈에 조망할 수 있는 범위에 있지만, 다변수의 세계는 아직 전혀 손을 대지 못한 '험준한 산악지대'를 연상시킨다."라고 말이다.

> 이 산맥의 건너편은 어떤 땅인지 모른다. 그러나 이 산맥을 넘지 않으면 대도大道는 여기서 끝난다. 이 문제의 존재 이유는 이렇게 자명하다. 게다가 어려움의 자태가 실로 새롭고도 우아하다.
>
> – 〈오카 키요시 전집 제4권〉 '라틴 문화와 함께'에서

해석함수론은 오일러와 가우스, 코시와 리만, 바이어슈트라스 같은 수학자들에 의해 개척되어온 수학의 '대도'였다. 옆길로 새지도, 샛길로 도망가지도 않고 오카는 그 대도의 앞길을 개척해나갈 각오를 다졌다.

그런데 일변수해석함수의 세계 앞에 열려야 할 다변수의 세계는 아직 거의 어둠속이었다. 일변수의 세계와 모습이 다르다는 것은 이제 확실해졌지만, 어떻게 그 윤곽을 부각시킬 수 있을까 하는 단서는 거의 없었다. 이런 어려움을 앞두고 오카의 마음은 분투했다. 1935년 정월, 드디어 본격적으로 연구에 착수하게 된다. 이때 목표로 잡은 것이 '하르톡스Hartogs의 역문제逆問題'다.

해석함수가 유의미하게 정의되는 최대한의 범위를 그 함수의 '존재역存在域'이라고 하는데 다변수해석함수의 존재역이 '유사 볼록성pseudoconvexity'이라는 특수한 기하학적 성질을 가진 것을 발견한 이가 바로 하르톡스다. 1906년에 발표된 '하르톡스의 정리'는 다변수의 세계를 총괄하는, 일변수의 세계와는 전혀 다른 질서가 있다는 것을 암시했다. 이 발견이 다변수해석함수론이 탄생하는 계기가 되었던 것이다.

하르톡스가 제시한 것은 다변수해석함수의 존재역이 '유사 볼록영역psedoconvex domain'이라는 사실이다. 오카는 반대로 유사 블록성을 띠는 영역은 해석함수의 존재역이 될 수 있는가를 물었다.[11] 때마침 하르톡스가 제시한 명제의 역을 제시하는 게 되었으므로 오카는 이것을 '하르톡스의 역문제'라고 명명하고 이 문제를 푸는 것을 연구의 최대 목표로 정했다.

오카는 늘 자명한trivial 것(수학적 증명을 필요로 하지 않고 참으로 받아들여지는 명제)이 아니라 본질적인essential 것(수학적 증명이 필요한 핵심 논제)을 추구하는 사람이었다. '하르톡스의 역문제'를 푸는 것이 수학의 대도를 한층 더 앞으로 개척하기 위한 진짜 본질적인 과제라고 판단한 것이다.

문제는 아주 난해했다. 천재인 오카도 처음에는 '십중팔구, 풀기 힘들 거야'[12]라고 느꼈다고 한다. 그런데 이렇게 생각하니 마음이 움츠러들기는커녕 '살짝 재미있어'졌다고 한다.

이런 모습이 오카의 진면목이다. 학생 시절부터 그는 시험문제를 풀 때 어려운 문제부터 풀어나가는 습관이 있었다. '십중팔구 풀기 힘들겠지만 몇 문제 정도는 풀 수 있지 않을까,' 하고 생각하면 오히려 '한번 해보자'는 마음이 드는 성격이었다.

'첫 번째 발견'의 전망이 열린 것은 홋카이도제국대학에서 여름방학을 보내고 있던 무렵이다. 파리 유학 시절에 만난 나카야 지우지로의 형 나카야 우키치로中谷宇吉郎의 초대를 받고 이학부 응접실이었던 방을 빌려서 사색을 거듭하는 동안, 생각이 점점 하나의 방향으로 모아지면서 내용이 분명해졌다. 집중해서 하나만 생각하는 사이에 어디를 어떻게 하면 될지 확실하게 알게 되었다는 것이다.

오카는 나중에 〈수학 세미나〉에 실린 인터뷰에서[13] 자신의 생애에

총 세 번의 큰 의미를 갖는 수학적 발견을 했다고 회상하는데, 이것이 첫 번째 큰 발견에 해당한다. 다변수해석함수론은 고차원 기하학과 밀접하게 연관되어 있다. 4차원 이상의 공간에 대해서는 일상의 상상력이 통용되지 않으므로 차원이 올라가면 올라갈수록 문제는 어려워질 수밖에 없다. 그런데 오카는 고차원 문제의 어려움을 완화하기 위해 오히려 한층 더 높은 차원의 공간으로 이행한다는 과감한 수법을 고안해냈다. 원래의 공간보다 훨씬 높은 '상공'으로 옮겨가는 이미지에서 따와 나중에 이것을 '상공 이행의 원리'라고 명명했다. 이때 한 발견에 대한 인상은 무엇보다 '예리한 기쁨'의 정으로 채색되었다고 한다.

> 이때는 오직 기쁨에 가득차서 자신의 발견이 옳은지에 대해서는 전혀 의심을 갖지 않고, 집으로 돌아가는 기차 안에서도 수학과 관련해서는 아무 생각도 하지 않은 채 즐거운 마음으로 차창 밖에 펼쳐지는 풍경을 보고 있었을 뿐이다.
>
> – 〈오카 키요시 전집 제1권〉 '춘소십화' 중 제6화 '발견의 예리한 기쁨'에서

이 첫번째 발견을 단서로 오카는 착착 '산악지대'의 더 깊은 곳으로 들어간다. 오카의 첫 논문이 히로시마 문리과대학 이과 간행물에 실린 것이 1936년 5월 1일이고, 논문은 그대로 순조롭게 정리되어 1940년까지 연작 논문의 최초 다섯 편을 발표했다.

그런데 최초의 논문이 실리기 직전, 이 낭보를 기뻐해주어야 할 친구 나카야 지우지로가 세상을 떠난다. 파리에서 만난 지우지로는 학생 시절부터 병약했다. 그럼에도 재능이 넘쳐서 파리에서는 순조롭게 논문 집필과 학회 강연을 거듭하는 등 고국에 남아 있는 가난한 가족을 걱정하면서도 학문적 이상을 추구하는 일에 매진했다.

그가 병상에 눕게 된 것은 프랑스로 건너간 지 3년째가 되던 해 여름이었다. 이 무렵에 지우지로가 일본 모리오카에 있는 아내에게 보낸 편지에는 학문에 대한 그의 잔혹할 만큼 올곧은 생각이 담겨 있었다.

> "사람을 상대로 학자가 되기는 쉽지만 학문을 상대로 학자가 되기는 힘든 일이다."
>
> "일본은 일본 나름의 삶의 방식을 찾아야 한다고, 요즘 생각하고 있다."
>
> "나의 전공도 마찬가지다. 그렇게 하지 않으면 일본에는 진정한 문화가 일어나지 않는다."
>
> "지금 일본에서 정말로 굶어죽는 사람은 몇 명이나 될까? 굶어죽는 걸 두려워해서 자살이나 자살과 다름없는 짓을 자행하는 사람은 많겠지만, 죽음을 두려워하지 않으며 개인적인 공명이나 이익에 초연한 사람이 적어도 학문의 세계에서는 얼마간 나오지 않을까."
>
> – 다카세 마사히토高瀬正仁, 〈평전 오카 키요시, 꽃의 장花の章〉에서

유학 중에는 오카와 아내인 미치가 지우지로를 헌신적으로 돌보았지만 그의 유학은 어쩔 수 없이 중단되었다. 귀국한 뒤로 거의 5년 동안 요양생활을 한 지우지로는 결국 세상을 떠나고 만다. "1936년 3월 22일에 지우지로가 죽은 뒤로 나는 마음을 다해 수학에 전념하기 시작했다"[14]고, 오카는 나중에 회상한다. 이 말처럼 친구가 죽은 지 얼마 되지 않아 첫 논문이 게재된 것을 기점으로 오카는 엄청난 기세로 연구 성과를 쌓아올린다.

오카의 생활도 평온하지는 않았다. 1938년에는 히로시마 문리과 대학을 휴직하고 아내와 두 아이를 데리고 부모님이 사는 와카야마현 기미 마을로 이사를 갔다. 이때 오카의 나이 37세. 이후 약 13년 동안 밭일과 수학에 빠져서 지내는 날들이 이어진다. 짧은 기간을 빼고는 거의 무직인 상태였다. 1940년에는 대학에서 정식으로 사직 결정이 났다.

생활에 대한 불안감이 없었을 리는 없겠지만 오카는 연구에 몰두했다. 조건이 붙기는 했지만 드디어 '하르톡스의 역문제'에 결착을 지어야 할 순간이 왔다. 그러기 위해서는 넘기 힘든 벽을 반드시 넘어야 했으므로 오카의 마음은 마치 '팽팽하게 잡아당긴 활시위처럼'[15] 긴장해 있었다.

속되고 번거로운 세상을 떠나는 길

'두 번째 발견'은 생각지도 못한 순간에 찾아왔다. 고향인 기미 마을에서 낮에는 땅바닥에 나무와 돌로 쓰면서 생각하고, 밤에는 아이들과 반딧불을 잡거나 놓아주면서 생각을 멈추지 않는 날들 속에서 점점 목표로 한 함수를 만드는 방식이 보이기 시작했다. 그는 이것을 '함수의 제2종 융합법'이라 명명했다. 이 방법을 사용해서 오카는 영역에 대한 조건이 붙었다고는 해도 마침내 '하르톡스의 역문제'를 해결하게 된다.

그런데 머지않아 이 달성의 연장선상에 광대한 미개척의 영역이 열리는 것을 알게 된다. 그것은 하르톡스의 역문제를 당초보다 더 일반적인 조건하에 푼다는 새로운 도전의 시작을 의미했다. 한편, 오카의 수입은 끊어져서[16] 생활은 날을 거듭할수록 힘들어졌다. 그는 점점 연구의 '별천지'[17]에 틀어박히게 되었다.

전쟁이 끝난 뒤에는 본격적으로 염불수행에 착수했다. 농사와 수학과 염불 삼매경의 날들 속에서 오카는 '세 번째 발견'에 다다른다.

> 7, 8편째 논문은 전쟁 중에 생각하고 있었는데 아무래도 한 곳에서 잘 풀리지 않았다. 그러다 전쟁이 끝난 다음 해에 종교에 입문해 한동안 나무아미타불을 외우며 목탁을 두드리는 생활을 했는데, 어느 날 독경을 마치고 나니 생각이 한 방향으로 모아지면서

알게 되었다. 이때 내가 터득한 방식은 이전과는 크게 달라서 우유에 산酸을 넣었을 때처럼 주위에 있던 온갖 것들이 덩어리져서 나눠지는 듯했다. 그것은 종교에 의해 경지에 오른 결과, 현상이 아주 보기 쉬워졌다는 느낌이었다.

– 〈오카 키요시 전집 제1권〉 '춘소십화' 제7화 '종교와 수학'에서

그가 '부정역不定域의 아이디얼'이라 이름 붙인 개념의 이론은 이렇게 해서 세상에 나왔다. 덕분에 오카의 이름은 훗날 전 세계에 널리 알려진다.

그는 이때의 발견을 '정조형情操型 발견'이라 불렀다. 이것은 이전에 경험한 '인스피레이션inspiration형 발견'과는 달리 위에서 착상이 내려온다기보다 아래에서부터 착실히 쌓아올리는 동안에 시야가 열리는 방식의 앎이었다.

그때까지 알지 못했던 것을 알기 위해서 수학자는 보통 계산을 하거나 증명을 한다. 그러나 '알았다'는 마음의 상태를 만들어내는 방법으로 계산과 증명만 있는 것은 아니다. 오카가 세 번째 발견에서 경험한 것은 자신의 깊은 변화에 따라 수학적 풍경의 모습이 완전히 바뀌고, 그 결과 이전에는 몰랐던 것을 알게 되는 과정이었다. 이 경우, 자기 변화의 과정 자체가 종이와 연필을 사용한 계산이나 증명과는 별개의 방식으로 그의 마음을 '알았다'는 상태로 이끌었다.

오카는 만년에 교토산업대학의 학생들에게 강의를 하면서 흥미로

운 발언을 했는데, 그 내용은 대략 다음과 같다.

> 작은 시내의 얕은 여울을 구성하는 물방울이 그리는 유선과 속도는 모두 중력과 그 밖의 자연법칙에 따라서 결정된다. 그러나 그 물방울의 운동을 인간이 계산하려고 하면 번거로운 비선형의 편미분방정식을 풀 필요가 있다. 어느 정도의 근사를 허용한다 하더라도 실용적인 의미가 있는 시간 안에 그것을 정확하게 풀기는 어렵다(1초 후의 물방울의 움직임을 계산하는 데 1초 이상이 걸린다면 실용적이지 못하다는 뜻—옮긴이). 그럼에도 시냇물은 흐르고 있다. 얼마나 신기한 일인가.

자연은 인간과 컴퓨터가 하는 '계산'과는 다른 방식으로, 그것도 훨씬 효율적인 방법으로 똑같은 '결과'를 도출해내는 경우가 있다. 애당초 종이와 연필을 사용한 '계산'도 종이와 연필이 가진 물리적인 성질에 의존하고 있고, 종이를 사용하든 컴퓨터를 사용하든 계산이라는 것은 자연현상이라는 행위의 안정성에 의존하고 있다. 자연현상을 목적에 따라 부분적으로 잘라냄으로써 계산은 성립하는 것이다. 이런 의미에서 자연계에는 늘 막대한 계산의 가능성이 잠재해 있다고 볼 수 있다.

예를 들어 공을 던졌을 때의 궤도를 계산한다고 치자. 이때 어떤 정밀한 시뮬레이션보다도 실제로 공을 던져보는 편이 효율적으로 궤도를 도출할 수 있다. 자연환경 자체가 어떤 계산기보다 윤택한 '계산 자원'의 역할을 수행하기 때문이다.

작은 시내의 얕은 여울과 볼의 궤도조차 이러한데 하물며 인간의 신체는 얼마나 풍부한 '계산' 가능성을 내장하고 있을지 모를 일이다. 이미 몇 번이나 강조했듯이, 인간의 인지는 신체와 환경 사이를 오가는 프로세스다. 그 결과, 기호화한 계산으로는 도저히 따라갈 수 없는 판단과 행위가 순식간에 이루어진다. 곤충이 불안정한 대지 위를 걸어다니거나 인간이 정교하게 물건을 들어올릴 수 있는 것도 '신체화'한 비기호적 인지가 완성한 기술이다. 수학적 사고도 예외는 아닐 것이다.

기호적인 계산이 수학적 사고를 지탱하는 가장 주요한 수단 가운데 하나라는 것은 틀림없지만, 수학적 사고의 대부분은 오히려 비기호적인 신체 영역에서 이루어지는 것은 아닐까? 그렇다면 이 신체화한 사고 과정 자체의 정밀도를 올리는 일, 오카의 말을 빌리자면 '경지'에 이르는 과정이 꼭 필요해진다.

"경지에 오른 결과 현상이 매우 보기 쉬워졌다"고 말할 때 오카의 마음속에는 바쇼가 있었다. 바쇼가 읊는 구는 어느 것이든 5·7·5 음절의 짧은 기호의 나열에 지나지 않는다. 따라서 원리적으로는 어떠한 계산 절차(알고리즘)에 따라 생성할 수 있다고 해도 이상하지 않다. 하지만 아무리 훌륭한 알고리즘을 짜서 구를 만들어낸다고 해도 바쇼가 구경句境(하이쿠를 짓는 솜씨가 진보하는 정도-옮긴이)을 파악하는 속도가 빠르다. 바쇼의 구는 "살아 있는 자연의 한 조각이 그대로 포착되어 있다"[18]는 느낌이 든다고 오카는 말한다. 예를 들어

나풀나풀 황매화 꽃잎 지는데 폭포 소리.

라는 시구가 있는데 오카는 여기에 대해서 "거침없이 살아 있는 자연이 흘러가는 짧은 의식을 곧바로 포착해서 앎의 영역 아래 영상을 맺기 위해 만들어졌을 것이다"라고, 에세이에 쓰고 있다.

"사물이 보인 빛이 사라지기 전에 말해야만 한다"고 바쇼는 말했다. "사물 두세 개를 조합해서 만들지 말고 황금을 벼리듯이 해야 한다"고도 했다.[19] 바쇼의 방법에는 '사물 두세 개를 조합해서 만드는' 알고리즘은 없다. 바쇼의 시는 바쇼의 전 생애를 다해서 '황금을 벼리는 방식으로' 도출된다. 그 계산의 속도는 실로 전광석화와 같다.

바쇼의 의식의 흐름이 보통 사람보다 훨씬 빠른 것은 그의 경지가 '자타의 구별', '시공의 귀틀'이라는 두 가지 고개를 넘어섰기 때문이라고 오카는 생각했다. 과거를 후회하거나 미래를 걱정하거나 다른 사람과 비교해서 자신을 보거나 또는 시간과 공간, 자타의 구별에 구속되면 그것이 의식의 흐름을 막는 장애가 된다. 반대로 이런 구별에 사로잡히지 않으면 자연의 의식이 '거침없이' 흘러들어오게 된다는 것이다.

살아 있는 자연의 한 조각을 포착해서 그대로 5·7·5 음절의 구형

으로 결정結晶하는 일에 바쇼의 존재 자체를 넘어설 만큼 뛰어난 '계산 절차'는 없다. 물방울의 정확한 운동을 물을 실제로 흘려보내는 것으로밖에 알 수 없는 것과 마찬가지로, 바쇼의 시는 바쇼의 경지에서 바쇼의 생애가 살아 있음을 통해서만 도출 가능한 무엇이다.

수학도 이렇게 진행할 수는 없을까? 수학적 자연의 한 조각을 포착해서 그 '빛이 아직 사라지기 전에 말하려면' 수학자 또한 이에 상응하는 경지에 오를 필요가 있다. 경지에 오르지 않으면 읽을 수 없는 구가 있는 것처럼 경지에 오르지 않으면 할 수 없는 수학이 있을 것이다. '세 번째 발견'에서 오카는 그것을 몸소 경험했다.

이 발견 직후 오카는 연구 노트에 다음과 같은 글을 써넣었다.

> 이번에는 전의 수학 때와는 사정이 상당히 다르다. 나를 감흥하도록 만드는 것은 무엇인가. 강하게 끌어당기는 것은 무엇인가. 현재의 내 상태는 어떤가.
>
> 수학 연구에서 자기 연구로 들어간 것이다(전자는 그대로 포함되어 있다. 버려진 것이 아니다. — 그러나 이것을 '버림'으로 한다).
>
> – 다카세 마사히토, 〈평전 오카 키요시, 꽃의 장〉에서

오카의 수학 연구는 마침내 자기 연구 단계로 들어갔다. 수학 연구를 버리고 자기 연구로 옮겨간 것이 아니라 수학 연구가 곧 자기 연구가 된 셈이다.

20세기의 수학은 '수학을 구하자', '보다 좋게 하자'라는 생각의 귀결이라고는 해도 지나친 형식화와 추상화로 인해 실감과 직관의 세계에서 괴리되어가는 경향이 있었다. 이런 가운데서 오카는 마음속으로 '정서'를 중심으로 하는 수학을 이상으로 그렸다. 수학을 신체에서 분리해 객관화한 대상을 분석적으로 '이해'하려고 한 것이 아니라 수학과 마음을 서로 통하게 해서 그것과 하나가 되어 '알려고' 했다. 그의 이런 수학을 뒷받침한 것이 바쇼의 삶의 방식과 사상이었다.

영의 장소

'세 번째 발견'을 논문으로 정리한 직후, 오카는 논문을 들고 교토에 있는 아키즈키 야스오秋月康夫를 찾아간다. 오카와 같은 와카야마 출신으로 고등학교 시절부터 친구였던 아키즈키는 오카를 누구보다 잘 이해하는 사람 가운데 하나였다. 이때 오카의 모습을 아키즈키는 다음과 같이 회상한다.

> 패전 직후 식량 부족으로 힘들던 시기였다. 오카 군은 누더기 옷에 보자기를 어깨에 나누어 메고 오랜만에 찾아왔다. 처음 받은 인상은 '그도 꽤 나이를 먹었구나. 마치 농민 같다'는 것이었다. 당

> 시 무직이었던 오카 군은 집과 밭을 팔고 감자류를 재배해서 입에 풀칠을 하면서 다변수함수론의 개척에 힘쓰고 있었다. 전쟁 중 감자밭에서 '층層 개념'의 싹이, 부정역 아이디얼이라는 형태로 탄생한 것이다.
>
> — 아키즈키 야스오, 〈근래 수학의 전망〉 중에서

여기에 쓰인 대로 오카가 일곱 번째 논문에서 확립한 '부정역 아이디얼' 이론은 마침내 현대 수학을 지탱하는 가장 중요한 개념의 하나인 '층sheaf 이론'으로 결실을 맺는다. 이것은 국소적인 데이터를 붙여서 대역적인 대상을 얻는, 지금은 수학에서 빼놓을 수 없는 도구다. 이 논문은 세계의 첨단을 달리는 수학자들의 눈에 띄자마자 곧장 최고의 성과로 받아들여졌다.

오카가 아키즈키에게 건넨 논문은 미국으로 가는 유카와 히데키湯川秀樹에게 맡겨져 미국을 경유해 프랑스로 넘어갔다. 그리고 1950년, 프랑스 수학회 기관지에 논문이 게재되자마자 오카의 명성은 급속하게 높아져 전 세계 수학자들 사이에 알려지게 되었다. 일본 시골의 산속에서 농사꾼 같은 모습으로 농사일과 염불과 수학 연구에 심취해 있던, 일본에서조차 아직 무명인 수학자 오카의 이름이 갑자기 세계로 퍼져나가게 된 것이다. 얼마 지나지 않아 그를 만나기 위해 일부러 해외에서 나라奈良까지 찾아오는 수학자가 생길 정도였다.

1955년 9월에는 당시 세계에서 가장 영향력이 큰 수학자 가운데

한 사람인 앙드레 베유André Weil가 오카를 찾아왔다. 베유는 현대 수학의 상징적인 존재라 할 수 있는 니콜라 부르바키의 구성원이다. 2장에서도 말한 것처럼 니콜라 부르바키는 실존하는 수학자의 이름이 아니라 1935년에 결성한, 주로 젊은 프랑스인들로 구성된 수학자 집단의 명칭이다. 이들은 〈수학 원론〉이라는 제목이 붙은 일련의 교과서를 세상에 내놓았고, 현대 수학의 주류가 되는 독특한 연구 집필 스타일을 확립했다. 수학 전체를 집합론에 입각한 추상적인 구조 이론으로 통일하여 포착하려고 한 것이 부르바키의 수학관으로, "무자비할 정도로 추상적"[20]이다.

그런 부르바키를 대표하는 베유와 부르바키류의 추상화를 싫어하는 오카가 나라의 음식점에서 해후했다. 이때 두 사람은 서로의 연구를 돌아보며 여러 분야에 걸쳐서 이야기를 나누었는데, 그 가운데 베유가 오카에게 '수학은 영零, 0에서부터'라고 말한 것에 대해 오카가 '영까지가 중요하다'고 맞받아친 적이 있다고 한다.[21] 마치 선문답 같은 대화이지만 나는 이 일화를 처음 들었을 때 '영까지가 중요하다'는 오카 키요시의 말이 왠지 인상 깊게 남았다.

베유의 '수학은 영에서부터'라는 말에는 수학의 본질이 영에서부터의 창조에 있다는 마음이 담겨 있었을지 모른다. 또는 모든 신앙과 정치적 신념으로부터 자유로운, 정말로 완전한 '영'에서 출발해 풍성한 세계를 구축할 수 있는 수학에 대한 자긍심이 있었을 것이다. 그리고 여기에는 수학이 다른 어떤 것에도 의존하지 않고 자립한 학문이라는 자부심도 있었을 것이다. 이에 대한 오카의 대답은 어땠을까. 이 시점에서 나는 그의 에세이 일부를 떠올려본다.

> 직업에 비유한다면 수학에 가장 가까운 것은 농민이라고 말할 수 있다. 종자를 뿌리고 키우는 일의 독창성은 '없는 것'에서 '있는 것'을 만드는 데 있다. 수학자는 종자를 고를 뿐 남은 일은 성장하는 것을 지켜보는 것뿐인지라 성장해가는 힘은 오히려 종자에 있다.
>
> – 〈오카 키요시 전집 제1권〉 '춘소십화' 제10화 '자연에 따르다'에서

오카의 말에 따르면 수학자의 일은 농민과 닮아 있다. 그 본분은 '없는 것'에서 '있는 것'을 만드는 것, 다름 아닌 '영에서부터 창조하는 것'에 있다. 그러나 어떻게 '없는 것'에서 '있는 것'이 생길까? 그것은 종자 안에 또는 종자를 감싸고 있는 토양 안에 '없는 것'에서 '있는 것'을 만들어낼 힘이 갖춰져 있기 때문이다. 농민이 종자로부터 호박을 키우는 것처럼 수학자는 영에서부터 이론을 키워내지만 종자 자체, 영 자체를 만들어내는 힘은 인간에게 없다. '영에서부터'는 인간의 의지로 나아가지만 '영까지'는 인간의 힘으로는 도저히 어떻게 할 수 없다. 그러나 이 '영까지'가 중요하다.

수학에서 창조는 수학적 자연을 낳고 키우는 '마음'의 작용에 의지하고 있다. 종자와 토양 없이는 농사를 지을 수 없듯이 마음 없는 수학도 있을 수 없다. 이 마음의 작용 자체를 인간의 의지로 만들어

낼 수는 없다. 인간이 할 수 있는 건 그것을 살려 키우는 일뿐이다.

'정'과 '정서'

오카 키요시가 '정서'라는 말을 즐겨 쓴 배경에는 나름의 이유가 있다. 마음에는 본디 '색채와 빛남과 움직임'[22]이 있다. 그런데 '마음'이라는 말은 너무 오래 쓰는 바람에 낡아버려서 이대로는 '왠지 묵화 같은 느낌'이 든다. 그래서 마음의 색채와 빛남과 움직임을 더 직접적으로 드러내는 말로 '정서'라는 표현을 사용했다고, 그는 에세이에서 반복해서 설명하고 있다.

'정서情緒'는 '정'의 '서(실마리)'라고 쓴다. '정'이라 쓰고 '마음'이라고 읽는 경우도 있는데, 이 '정'이라는 일본어에는 독특한 뉘앙스가 있다.

정이 옮아간다, 정이 샘솟는다, 정이 서로 통한다는 표현에서도 알 수 있듯 정은 아주 쉽게 '나'의 수중에서 벗어나버린다. '나ego'에 고착되어 있는 '마음mind'과 달리 자타의 벽을 자유자재로 빠져나간다. 게다가 환경 여기저기에 '정'의 움직임의 계기가 되는 '서'가 있다. 이런 '정'과 '서'의 연관으로서 '정서'를 일본인은 노래와 시 속에서 읊어왔다.

바람에 나부끼듯이 봄이 찾아왔네, 산기슭 먼 나뭇가지 끝에 꽃

피는 곳을 보니.[23]

먼 산에 벚꽃이 활짝 피었다. 그러자 그 모습이 그대로 자신의 기쁨이 된다. 꽃이 피는 모습을 '서'로 해서 사람의 '정'이 움직이기 시작한 것이다.

오카는 어느 시기부터 '정'과 '정서'라는 표현을 의식적으로 나누어서 사용하게 된다. 한마디로 '정'이라고 해도 다양한 스케일이 있어서 '대우주로서의 정'이 있는가 하면 '삼라만상 하나하나의 정'도 있다고 하는 식이다. 이것을 나누어 쓰기 위해 오카는 전자를 '정'이라 하고 후자를 '정서'라고 구분해서 부르게 된다. 자타 사이를 오가는 '정'이 개개인과 사물에 깃들 때 '정서'가 된다는 것이다.

'정'과 '정서'라는 말을 중심에 두고 수학과 학문을 다시 언급함으로써 오카는 뇌와 육체라는 답답한 장소에서 '마음'을 해방시키려고 했다. 정의 융통을 방해하는 모든 것을 없애고, 자타를 나누는 '안팎 이중의 창'을 열어젖혀서, 커다란 마음에 '청량한 바깥공기'를 불러들이려고 했다.

오카 키요시는 확실히 위대한 수학자였지만 그가 만들어내려고 한 것은 수학 이상의 무엇이었다. 그는 수학을 통해서 마음 세계의 넓이를 알았다. 마음의 확장, 색채, 자유분방한 움직임이 있다는 것을 알았다. 그래서 좁은 곳에 갇혀 있던 마음을 훨씬 넓은 장소에 풀어놓으려고 했다.

만년의 꿈

만년의 오카는 수학에서 벗어나 새로운 인간관, 우주관의 건설이라는 장대한 꿈을 향해 나아갔다.

사람은 모두 "사실은 아무것도 알고 있지 못하다"고 그는 말한다. 지식은 많더라도 뿌리가 있는 곳까지 내려가면 누구나 어느 시점부터 아무것도 모르게 된다고 생각했다.

눈을 뜨면 바깥세계가 보인다. 일어서면 전신의 무수한 근육이 협력해서 몸이 움직인다. 도대체 어떻게 해서 이런 일이 가능할까? 사람은 아직도 대답할 수가 없다. 과학과 수학은 가설과 공리라는 형태로 일단 출발점을 정한 뒤 거기서부터 엄밀한 논의를 쌓아올림으로써 많은 지견을 양산하기는 하지만 전제 자체의 근거를 묻는 순간 아무것도 모르게 된다. '자연이 있다'는 것은 무엇인가. '1이란 무엇인가.' 이런 질문에 과학과 수학의 범위로는 대답할 수가 없다. 그렇다고 해서 일체의 가정을 인정하지 않으면 과학적 사고는 성립하지 않는다.

오카가 과학을 통째로 부정하는 것은 아니다. 그는 '영까지'를 알기 위해서는 '영에서부터'를 아는 것과는 다른 방법이 필요하다고 말하는 것뿐이다.

'1은 무엇인가', '자신은 무엇인가', '자연은 무엇인가.' 이런 근원적인 질문과 마주하기 위해서 사람은 어떻게 마음을 사용하면 좋을까?

> 수학의 본질은 주체인 법法이 객체인 법에 지속적인 관심을 가지고 멈추지 않는 것이다…. 법에 정신을 통일하기 위해서는 당연히 자신도 법이 되지 않으면 안 된다.
>
> – 〈오카 키요시 전집 제2권〉 '회화繪畫'에서

수학을 하는 사람은 주객이 이분화한 상태로 대상에게 관심을 기울이는 것이 아니라 자신이 완전히 수학이 되어야 한다. '완전히 된다'는 것이 중요하다. 이것이야말로 오카가 도겐道元과 바쇼로부터 계승한 방법이기 때문이다. 바쇼가 "소나무에 대해서는 소나무에게 배우라" 하고, "배운다는 것은 사물로 들어가는 일"이라고 말한 것도 바로 이것이다.

도겐 선사는 다음과 같은 노래를 읊었다.

> 빗소리 듣고 있나니 마음 비운 내 몸이 곧 낙숫물.

밖에 비가 내리고, 선사는 자신을 잊고 빗물 소리에 귀를 기울이고 있다. 이때 내가 없으니 비는 의식에 전혀 올라오지 않는다. 그러다 어느 순간 문득 '나'로 돌아오고, 그 찰나 '방금 전까지 나는 비였다'는 것을 깨닫는다. 이것이 진정 '안다'는 경험이다. 오카는 이 노래를 곧잘 인용하면서 이렇게 해설한다.

자신이 그것이 된다. 완전히 그것이 되었을 때는 '무심無心'해진다. 그러다 문득 '유심有心'으로 돌아온다. 그 순간, 조금 전까지 온전히 자신이 되어 있었던 그것을 잘 알게 된다. '유심'인 상태에서도 모르고 '무심'인 상태에서도 모른다. '무심'에서 '유심'으로 돌아오는 그 순간에 '안다.'

이것이 오카가 도겐과 바쇼에게서 계승해 수학에서 실천한 방법이다. 어떻게 이것이 가능할까? 그것은 자타를 넘어 서로 통하는 정이 있기 때문이다. 사람은 이치로 아는 것뿐만 아니라 서로 정을 통하게 하는 것으로도 알 수가 있다. 다른 사람의 기쁨도, 계절의 변화도, 그 무엇이라도 서로 통하는 정으로 인해 '아는' 것이다.

그런데 현대 사회는 짐짓 '자아'를 전면에 내세워서 '이해理解(이치로써 풀다)'라는 말만 가르친다. 서로 통하는 정을 분단해서 '나(에고)'에 갇힌 마인드가 마치 마음의 모든 것인 양 믿고 있다. 정의 융통이 분단되어 당연히 알 수 있는 것도 모르게 되었다.

이러한 모든 문제의 근본에 놓여 있는 것이 '자아'와 '물질'을 중심에 둔 현대의 인간관이고 우주관이라고 오카는 생각했다. 그렇다면 근본적으로 새로운 인간관, 우주관을 처음부터 다시 만드는 것이 급선무였다. 오카는 1971년 6월, '춘우의 곡春雨の曲'이라는 제목을 붙인 원고의 집필에 들어간다. 이것은 '정서와 기쁨을 이원소로 하는 새로운 우주관'이라는 장대한 비전을 가진 문학적 결정체라 할 만한 것이

었다. 수학 노트를 쓰는 대신 원고와 매일 마주하는 것이 언제부터인가 그에게는 습관이 되었다.

이 원고의 집필과 병행해서, 1969년부터 담당하고 있던 강의를 하기 위해서 교토산업대학에도 계속 다녔다. '상식은 모두 틀렸다'고 공언하며 '새로운 과학'의 창조를 외치는 오카의 강의에는 소름 끼치도록 진지한 힘이 있었다. 학생들은 압도당했을 것이다. 큰 강의실 뒤에 조심스럽게 모여 있던 학생들은 오카에게 '앞으로 나오라'는 주의를 받는 일도 종종 있었다고 한다.

오카는 수강생 전원에게 과제로 자유 논문을 제출하도록 했다. 그것을 한 장 한 장 읽은 그는 학생들이 표현은 달라도 하나같이 '하루하루의 삶에 보람을 느낄 수 없다'고 한탄하고 있다는 것을 알고, 상당히 충격을 받았다고 한다.

호박 종자의 생성력이 종자와 흙, 태양과 물의 소산이요, 인간의 손으로는 만들 수 없는 것과 마찬가지로 '사는 기쁨'도 사실 주위와 자연 환경에서 부여받는 것이지 자력으로 만들어낼 수 있는 것이 아니다. 그런데 지금은 무엇을 하든 '개인'이 강조되어 이 '개인'이 '전체 속에 있는 개인'이라는 것을 잊고 있다. 대자연에는 서로 통하는 정이 있고, 하나하나의 정서는 그 정의 한 조각이라는 사실을 잊어가고 있다. 그래서 나날의 삶의 보람까지 알지 못하게 되었다. 자타를 분단하고 주위로부터 분리된 '나'에게서 사는 기쁨이 솟아날 리 없다.

오카는 학생들에게 자아를 엷게 하고 정서를 맑고 깊어지게 하라고 최선을 다해서 말했다. 그리고 사는 기쁨을 솔직하게 느낄 수 있는 세계를 다시 건설하기 위해서 매일 쉬지 않고 '춘우의 곡' 원고와 마주했다. 오카는 끈기 있게 수정에 수정을 거듭하며 원고를 썼지만 결국 지금까지 미완인 상태로 잠들어 있다.

정서의 색채

약 10년 전에 오카 키요시의 〈일본의 마음〉을 만난 뒤로 나는 그 책을 종이가 닳을 만큼 몇 번이고 읽고 또 읽었다. 희한하게도 그때마다 새로운 발견을 하고 있으며, 매번 다른 곳에 밑줄을 긋게 된다. 문장은 움직이지 않을 테니 바뀌는 것은 나일 텐데, 마치 책 자체가 생명체인 것처럼 똑같은 말이 몇 번이고 새로운 의미를 띠면서 소생한다. 아마도 실감實感이라는 안감을 덧댄 언어의 저력 덕분일 것이다.

무엇이 나를 이렇게까지 오카 키요시에게 이끌리도록 만드는가. 그것은 그가 언제나 영에서부터의 구축보다 영에 이르기까지의 근본적인 불가사의함을 규명하려고 했기 때문일 것이다.

산다는 것은 사실 그것만으로도 끝없는 신비다. 무엇 때문에 있는 것인지, 어디를 향하고 있는 것인지 알 수 없는 우주의 한편에서, 우리는 순간순간의 삶을 구가하다 덧없이 죽는다. 허무라고 부르기에는 너무 풍양豐穰한 세계, 무의미하다고 딱 자르기에는 너무 강렬한 생의 욕동, 압도적으로 신비로운 세계가 잔혹할 만큼 담담하게 우리를 둘러싸고 움직인다.

견딜 수 없을 만큼 불가사의하다. 이 통절한 느낌이야말로 모든 학문의 중심에 있을 것이다.

내가 오카 키요시라는 존재에 매료당한 것은 그가 마치 어린아이처럼 이 원시적인 불가사의함을 늘 잊지 않았기 때문이다. 소박하고 생생하고 뚜렷하면서도 신비로운 감각에서 출발해, 여기서부터 학문을 만들어가기를 멈추지 않았기 때문이다.

오카는 만년에 “나는 어쩌다 보니 이번 생에는 서양의 것을 배우려고 수학을 했지만 다음 생에는 다른 것을 할 것이다”라는 말을 했다. 확실히 ‘새로운 인간관과 우주관의 건설’이라는 만년의 꿈을 향해 똑바로 나아간다고 한다면 그 수단이 굳이 수학일 필요는 없을 것이다. 정서를 깨끗하고 깊게 하는 것이 인간의 일이라고 오카는 역설하지만 수학만이 정서를 깨끗하고 깊게 하는 방법은 아닐 테니까 말이다.

단지 오카 키요시가 외래문화인 수학을 온몸으로 받아들이고 이를 철저하게 신체화해서 ‘자기 연구’의 길로까지 확장시켜 나간 과정에는 특별한 의미가 있는 것 같다는 생각이 든다.

수천 년 전부터 조금씩 신체를 통해서 환경 여기저기로 확장되어

온 수학적 사고는 우리를 둘러싼 세계의 구석구석에까지 파고들었다. 그 가운데서도 특히 근대적인 수학의 사상을 체현하는 컴퓨터는 현대사회 곳곳에 침투해 있다. 우리의 신체를 둘러싸고 있는 천연의 자연이 아니라 인공물로 온통 뒤덮인, 계산과 논리에 의해 통제된 자연, 이른바 고도로 수학적으로 편성된 자연이다.

우리는 이제 수학이란 무엇인가, 라는 문제를 진지하게 고찰하는 것을 피할 수 없는 시대에 살고 있다. 이 수학에 새로운 의미를 불어넣는 것. 그저 수학의 형식을 수용하는 것이 아니라 그것을 문화로서 뿌리내리게 하고 거기에 자신의 사상적 문맥을 부여하는 것. 오카는 이 목표를 향해서 도전한 몇 안 되는 일본인 중 한 사람이 아니었을까 생각한다.

*

오카의 말을 빌려서 수학을 말하는 데는 망설임도 있었다. 오카의 말은 그 자신이 만들어낸 수학이 있었기에 비로소 울려퍼지는 것이기 때문이다. 다른 사람이 그것을 말해서는 안 된다고, 나도 처음에는 생각했다. 실제로 오카의 수학에 대해서는 그렇다 치더라도 그의 사상에 대해서는 별로 거론된 적이 없다. 수학자라면 누구나 오카의 존재를 알고 있고, 남몰래 동경하는 사람도 적지 않지만 그런 것치고는 말하는 사람이 없었다.

아무리 위대한 사상이라도 그것을 전하는 사람이 없으면 사라지게 된다. 그건 너무 아깝다는 생각이 들었다. 내가 큰맘 먹고 오카에 대해 쓰려고 한 것은 이 때문이다.

"정서는 아주 구체적인 것이라고 생각합니다." 오카 연구의 일인자인 규슈대학의 다카세 마사히토 씨가 예전에 내게 이렇게 말했는데, 아직도 이 말이 인상에 남아 있다.

이미 반복해서 이야기한 것처럼 '정서'라는 말의 배경에는 자타의 대립을 전제로 하지 않는 감성이 있다. 그런가 하면 오카는 "자타 대립이 없는 세계는 향상도 없고 이상도 없다. … 향상도 없고 이상도 없는 세계에서는 살 수 없다"[24]라고도 말했다.

본디 세계에 자타의 대립은 없다, 육체가 정하는 경계는 세속의 요구로부터 태어난 환영에 지나지 않는다고 단정하면 종교가 된다.

오카는 종교와 과학 양쪽을 알면서 어느 쪽에도 안주하지 않은 사람이었다. 육체를 동반하는 일생은, 연기緣起하는('중생의 지혜로 이해할 수 있는 정도로 설법하다'라는 뜻－옮긴이) 중중제망重重帝網(여러 번 겹친 모습을 한 제석천帝釋天의 그물網이라는 뜻으로 법당 기둥이나 벽에 장식으로 써 붙이는 글귀의 하나. 중중제망 자체는 그물코마다 보배로운 구슬이 달려 있고, 그 구슬들이 또 다른 그물코에 달린 구슬의 모습을 서로 비추면서 밀접하게 얽혀 있으면서도 서로 방해하지 않고 무진히 펼쳐진 형국을 일컫는다.－옮긴이)의 대우주에 있어서는 확실히 환상 같은 것이다. 그러나 이 환상에 육체가 짊어진 국소적인 정서의 색채가 있다. 다카

세 씨는 "오카 선생의 정서의 근저에 있는 것은 나카야 지우지로와의 우정이었다고 생각합니다"라고도 말했다.

파리에서 오카 키요시를 만나 의기투합한 지우지로는 귀국한 지 몇 년 되지 않아 뜻을 이루지 못한 채 세상을 떠났다. 오카가 세상과 교류를 끊고 수학의 길에 매진한 것은 그 뒤의 일이었다. 기미 마을의 산속에서 오직 수학 하나에만 몰두한 오카의 가슴에는 확실히 지우지로가 있었을 것이다.

자타 사이를 오가는 '정'의 세계는 넓지만 정서가 깃드는 개개의 육체는 좁다. 사람은 그 좁은 육체를 짊어지고 커다란 우주의 작은 장소를 떠맡는다. 떠맡는 장소는 어디까지나 구체적이다. 우정도 있고, 연애도 있고, 다른 사람과 나눈 약속도 있고, 가슴에 묻어둔 맹세도 있다. 만남의 기쁨도, 이별의 깊은 슬픔도 있다.

이러한 모든 것이 하나하나의 정서에 색채를 부여한다. 여기에 남다른 집중이 따르면 그것이 형태가 되어 나타난다.

오카 키요시의 경우, 수학이 되어 피어났다.

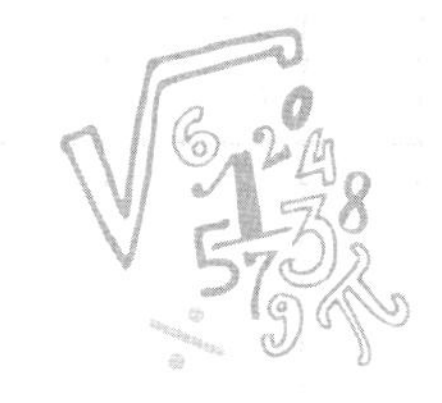

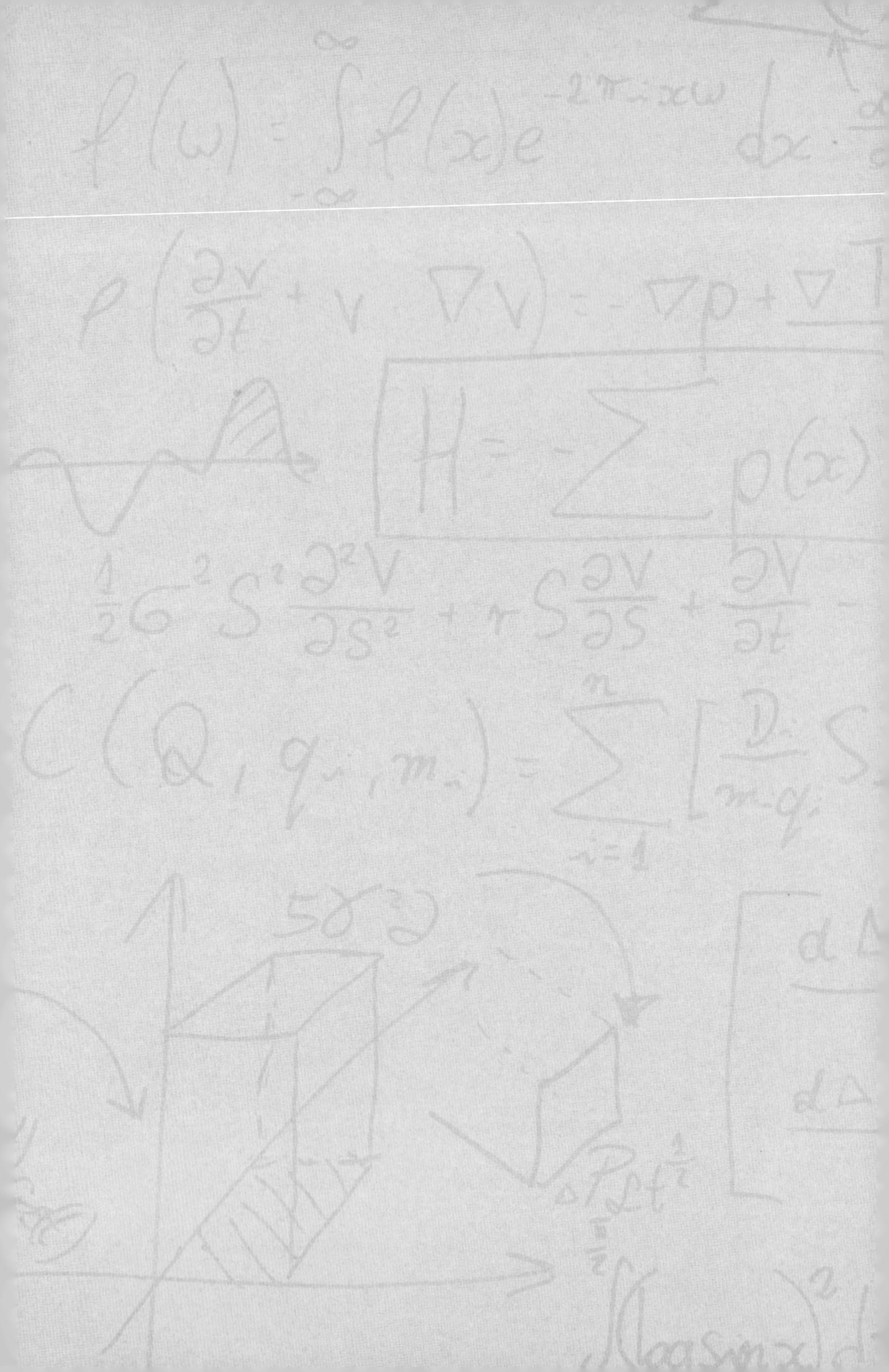

마지막 장

생성하는 풍경

우리의 모든 탐구의 끝은
출발의 땅에 당도하는 것
그리고 그 땅을 비로소 아는 것이다.[1]

— T. S. 엘리엇

'셈하다'라는 행위에서 시작된 수학적 사고는 신체에서 마치 새어나가듯이 확장되어왔다. 고대 그리스인이 만들어낸 논증 수학, 근대 유럽에서 발견된 기호와 계산의 위력, 수학 이론 전체를 기호 조작의 체계로 재현하려고 한 힐베르트와 그 동료들의 시도, 거기서 탄생한 컴퓨터. 새로운 수학이 탄생하는 장면에 입회한 인간의 모습이 있고, 냉철해 보이는 계산과 논리의 깊은 곳에 피가 통하는 인간이 있다.

물론 여기에서 담지 못한 수학사의 중요한 장면은 많다. 나는 무수히 분기하는 크고 작은 수학의 역사를 한줄기 흐름으로 좇아왔을 뿐이다. 수학 전체를 놓고 본다면 나의 이런 시도는 아주 미세한 몸짓에 지나지 않겠지만 한줄기 흐름을 잡고 '수학이란 무엇인가', '수학에서 신체란 무엇인가'를 자문하면서 거슬러 올라가보았다.

그런데 나는 어느덧 '수학이란 무엇인가'를 묻기보다 오히려 '수학이란 무엇으로 있을 수 있을까'를 스스로에게 묻게 되었다. 바뀌지 않고 움직이지 않는 '수학'이라는 것이 있고, 그걸 해명하고 싶다고 생각하기보다 끊임없이 움직이고 변화하는 수학의 끝없는 가능성에 눈을 돌리게 되었다.

이 책에서 더듬어본 수학의 흐름은 앨런 튜링(1912~1954)과 오카 키요시(1901~1978), 두 사람에게 다다랐다. 둘 다 동시대를 산 세계적인 수학자이지만 이 둘을 같은 책에서 다룬 적은 지금까지 없지 않았을까 싶다. 성격도 연구도 사상도 전혀 다르니까 당연하다고 하면 당연한 일이다. 이 두 사람이 함께 '수학자'라 불린다는 것이 수학이라는 행위의 가능성의 폭을 단적으로 상징하고 있다고도 생각한다.

다만 두 사람 사이에는 중요한 공통점이 있다. 그것은 둘 다 수학을 통해서 '마음'의 해명으로 나아갔다는 것이다.

앨런 튜링은 '모방 게임'을 제창한 논문 〈계산 기계와 지능〉(1950)에서 인간의 마음을 '양파 껍질'에 비유하며 다음과 같이 말했다.

"인간의 마음 또는 뇌 기능의 적어도 일부는 기계적인 프로세스로 이해할 수 있을 것이다. 단, 순수하게 기계의 행위로 설명할 수 있는 것은 '진짜 마음real mind'의 극히 표층에 지나지 않는다. 이것은 숨겨진 '심芯'에 당도하기 위해 벗겨내지 않으면 안 되는 표면의 껍질과 같은 것이다. 한 꺼풀씩 껍질을 벗기면서 심에 다가가는 것처럼 기계로 설명할 수 있는 마음의 기능을 하나씩 벗겨나가다 보면 점차 '진짜 마음'에 가까이 갈 수 있을 것이다.

그러나 목표로 삼아야 할 '심'이 처음부터 존재하지 않았다고 한다면 어떻게 될까. 껍질을 벗기고 또 벗겨낸 결과 마지막에 있는 것이 알맹이가 아닌 껍질뿐이었다고 한다면. 이때 사람은 마음이 처음부터 단지 기계였다는 것을 알게 될 것이다, 라고 튜링은 논하고 있다.

구체적이고 주위에서 흔히 볼 수 있는 모델에서 출발해 고도의 추상적인 사고로 나아가는 것이 그의 스타일이었다. 마음의 탐구를 신비화하지 않고 양파의 껍질 벗기기 같은 비근한 예를 드는 지점에 자못 튜링다운 유머가 있다.

그는 실제로 정성껏 '껍질'을 벗기는 것처럼 독창적인 연구를 거듭했다. 1936년에 거의 모든 '계산'이라 부를 수 있는 온갖 절차를 단순한 기계적 동작의 조합에 의해서 실현할 수 있다는 것을 보여주었다. 튜링 기계에 의한 '계산'의 기계화 — 이것이 그가 벗긴 최초의 껍질이었다.

물론 계산이 마음의 모든 것은 아니다. 진짜 마음은 아직 더 깊은 곳에 감춰져 있다. 튜링은 그것을 알고 있었다. 그가 다음으로 관심을 가진 것은 통찰과 번득임이라는 인간의 마음 작용이다. 이것은 그렇게 간단하게 기계로 흉내 낼 수 있는 것이 아니다. 번득임과 통찰 같은 능력이야말로 기계와 인간의 마음을 가르는, 결정적인 분수령이라고 생각하는 사람도 있을 것이다. 그럼에도 튜링은 걸음을 멈추지 않았다.

제2차 세계대전 중에 그는 봄이라는 기계를 만들어서 해독 불능이라 여겨졌던 에니그마 암호를 푸는 데 앞장섰다. 암호해독이라는 창조적인 작업을 기계적인 '검색'의 힘을 빌려서 달성한 것이다. 언뜻 지적인 번득임과 통찰로 보이는 것이라도 일종의 효율적인 '검색'에 의해서 실현할 수 있는 경우가 있다. 그는 그것을 암호해독의 과정에서 배웠다. 튜링이 만든 봄도 그가 벗긴 껍질이었다.

점차 그는 '틀릴 가능성'이 기존의 기계와 인간의 마음을 나누는 중대한 능력이라는 것을 자각하고, 기계에 '학습'을 시키는 일이야말로 기계를 마음에 가깝게 하는 길이라고 확신하기에 이른다. 학습을 가능하게 하는 기계적인 메커니즘과 이러한 과정을 배경으로 뒷받침하는 뉴런의 성장 프로세스로 관심이 향한 것도 이 때문이었다.

학습할 수 있게 됨으로써 기계는 점점 영리해질 것이다. 튜링은 인공지능의 미래를 예견했다. '생각하는 기계'가 탄생하는 날도 그리 멀지 않을 거라고 확신했다.

그러나 '생각한다'는 것은 무엇인가. 이 질문을 진지하게 파고들려고 하면 복잡한 철학 논쟁에 빠질 수밖에 없다. 철학 논쟁의 진흙탕에 발이 빠지면 명쾌한 기계의 세계로부터는 멀어질 뿐이다. 그래서 그는 '모방 게임'이라는 교묘한 '테스트'를 생각했다. 훗날 '튜링 테스트'라 불리게 된 이 아이디어를 통해 그는 '기계가 생각한다는 것은 무엇일까?'라는 철학적인 질문을 탐구의 정식 무대에서 없애버렸다. 이로써 그는 인공지능이라는 꿈을 검증 가능한 과학으로 만들었다.

그는 이렇게 '진짜 마음'을 덮고 있는 여러 겹의 껍질을 벗겨내기를 그만두지 않았다. 위축되지 않고 오로지 '심'만을 목표로 삼아 계속해서 걸었다. 물론 목표로 삼아야 하는 심이 정말로 있는지는 알 수 없었다. 마음은 기계인가, 그렇지 않은가. 그것은 실제로 풀어보지 않으면 풀 수 있을지 어떨지 알 수 없는 퍼즐인 것이다.

오카 키요시 또한 수학 연구를 계기로 해서 마음에 대한 구명究明을 향해 나아갔다. 단, 방법은 튜링과 크게 달랐다.

튜링이 마음을 만드는 것에 의해서 마음을 이해하려고 했다면 오카는 마음이 됨으로써 마음을 알려고 했다. 튜링이 수학을 도구로 삼아서 마음의 탐구로 향했다고 한다면 오카에게 수학은 마음의 세계 깊숙이 들어가는 행위 그 자체였다. 도겐에게 선禪이 그랬고 바쇼에게 하이쿠가 그랬던 것처럼 오카에게 수학은 그 자체로 하나의 길이었다.

마음은 양파처럼 손으로 잡을 수 있는, 움직이지 않는 실체가 아니다. 알려고, 이해하려고 하는 이쪽의 자세가 그대로 알고 싶다, 이해하고 싶다는 마음의 양상을 바꾼다. 마음을 알려고 할 때, 알고 싶은 이쪽과 앎의 대상인 저쪽을 나누는 것은 불가능하다.

오카는 마음을 논할 때 야채의 껍질이 아닌 종자를 말했다. 종자는 자라서 커진다. 그 변화하는 힘에 종자의 생명이 있다. 양파를 낳은 종자, 그 종자를 품은 토양. 양파의 본질은 그 공간적 '중심'보다는 오히려 그 바깥, 과거 쪽에 있다.

마음의 바깥. 마음의 과거. 물리적인 육체 안에 가둘 수 없는 마음 본래의 확장을 복원하려고 오카는 '정서'라는 말에 새로운 의미를 불어넣으려 했다.

인간이 만들어내는 수학의 도구는 시대와 장소와 함께 그 모습을 바꾼다. 도구가 바뀌면 그것을 사용하는 수학자의 행위 그리고 그 행위가 만들어내는 '풍경'도 바뀐다. 수학과 수학하는 자가 서로가 서로를 구축하고 구축당하면서 이 수학의 긴 역사가 이어져왔다.

특히 서구 세계에서 태어난 근대 수학은 기호와 계산의 힘을 빌려서 유례없는 높이까지 올라갔다. 기호의 철저화는 수학의 추상화를 진행시키면서 아울러 소박한 기하학적·물리적 직관에 의존하지 않는 기계적인 계산과 논증을 가능하게 했다.

그때까지 수학을 뒷받침하고 있던 인간의 직관은 애매하고 틀리기 쉬운 것으로 여겨져 수학으로부터 신체를 분리하는 식으로 수학의 형식화가 이루어졌다. 수학을 기계로도 실행할 수 있는 기호 조작의 체계로 환원하는 것이 수학이라는 행위를 구하는 유일한 길이라고 생각하는 사람들마저 나타났다.

튜링이 마음의 기능 가운데 기계로 실현할 수 있는 부분을 껍질로 여겨 조금씩 벗겨냈듯 수학이라는 행위 중에서도 인간의 직관과 감성을 필요로 하지 않는 부분을 하나하나 벗겨내는 게 가능하다. 하지만 그것이 과연 '진짜 마음', '진짜 수학'으로 가는 길일까? 그것은 의심할 여지가 충분히 있다고 생각한다. 양파가 단지 껍질이 모인 것뿐이었다 해도 여전히 그걸 낳은 종자의 힘은 '벗겨낼 수 없는' 신비함으로 남아 있다.

움직이지 않는 심으로서의 마음, 바뀌지 않는 중심으로서의 수학이라는 것은 환상이다. 마음은 계속 변화하고 수학도 계속 움직이기 때문이다. 중요한 것은 움직이지 않는 중심이 아니라 끊임없이 움직이는 생성의 과정 그 자체다.

그러므로 마음을 알기 위해서는 먼저 마음이 '될' 것, 수학을 알기 위해서는 먼저 수학'할' 것. 여기서부터 시작하는 수밖에 없다.

수학과 수학하는 신체라는 것은 앞으로도 서로가 서로를 엮어내면서 우리가 모르는 새로운 풍경을 계속해서 만들어낼 것이다.

닫는 글

이렇게 한 권의 책을 다 쓰고 보니 어쩐지 이 책의 저자가 나만이 아니라는 느낌이 든다. 확실히 혼자 책상 앞에 앉아서 머리를 싸매고 글이 되기 전의 구상에 가슴 두근거리거나 표현이 되지 않는 표현을 어떻게든 형태로 만들어보려고 격투하는 날들에 고독을 느끼지 않았다면 거짓말일 것이다. 하지만 이렇게 구상이 글이 되고 표현이 한 권의 책으로 결실을 맺는 모습을 보니 역시 나는 혼자가 아니었다는 것을 깨닫는다.

계절을 연주하는 벌레의 음색, 바싹 마른 빨래를 비추는 여름 햇살, 정원의 수국, 밤하늘에 뜬 달의 표정, 좋아하는 소설, 빗소리, 동백나무 꿀을 빨아먹는 동박새와 벽을 기어가는 도마뱀…. 이 가운데 어느 하나가 빠져도 이 책은 제 모습을 갖추지 못했을 거라고 생각한다. 요컨대 이 세상에 있는 모든 경험이 책이라는 퍼즐을 완성시켜 준 소중한 조각들이다.

그들에게 고마움을 전하고 싶다. 〈수학하는 신체〉라는 이 책의 모티브는 실로 '고맙다'고 형용할 수밖에 없는 숱한 만남에서 태어났기 때문이다.

중학교 2학년 때 무술가인 고노 요시노리甲野善紀 선생님의 신체적 지성과 만난 것은 행운이었다. 이후로 선생님은 내가 신체를 생각할 때마다 이정표가 돼주시고 '독립한 연구자'의 규범이 돼주셨다. 또 지금은 '스마트 뉴스 주식회사'의 회장으로, 사업계에서 대활약을 하고 계신 스즈키 켄鈴木健 씨는 대학 시절에 만난 친구 고이시 유스케小石祐介와 함께 수학의 기쁨을 난생 처음 내게 가르쳐준 사람이다. 켄 씨가 없었다면 문과에서 수학과로 전과하는 일도, '수학하는 신체'라는 모티브가 태어나는 일도 없었을 것이다. 나는 지금 어느 조직이나 연구실에 소속해 있지 않은 독립연구자로 활동하고 있지만 고노 선생님과 켄 씨는 변함없이 나의 연구와 학문의 스승이다.

이 책은 연재에 앞서 2009년 가을부터 전국 각지에서 개최한 '수학 연주회'와 '어른을 위한 수학 강좌' 등 수학을 주제로 한 토크 라이브의 내용이 기초가 되었다.

첫 강연의 장을 열어주시고 그 뒤로도 다양한 도전을 함께하고 있는 주식회사 세인트 크로스의 오오쓰카 세이 씨, 전국에서 첫 '수학 연주회'를 주최해주신 마키노 케이코 씨, 이후 나고야에서 열린 이벤트를 매번 훌륭한 환대로 성황리에 진행해주신 가토 요코 씨, 세노우에 유스케씨와 일본게다대사관一本ゲタ大使館(일본 게다란 굽이 하나

인 게다를 말하며, 일본게다대사관은 이 책의 저자인 모리타 마사오를 응원하는 사람들의 모임이다.-옮긴이) 여러분, 언제나 유연하고 너그러운 정신으로 도쿄의 강좌를 주최해주시는 이토 야스히코 씨를 비롯해서 NOTH(강좌나 이벤트를 통해 누구에게나 열린 배움의 장을 제공하는 모임-옮긴이) 여러분, 그리고 도쿄와 교토에서 정기적으로 개최하는 '수학 북 토크'의 주최와 〈별책 모두의 미시마 매거진〉 발행 등을 통해 늘 활동을 응원해주시는 미시마 쿠니히로 씨를 비롯한 미시마 출판사 여러분, 후쿠야마의 유메히카쿠 출판사 여러분, 기후의 NUBIA 쓰카모토 켄유 씨, 오사카의 센자키 히로코 씨, ○학원의 우다카 코지 씨, OMAR BOOKS(오키나와)의 가와바타 아케미 씨, 수이오샤(도쿄)의 나카무라 히로아키 씨, 교토의 후지와라 마사시 씨. 이분들과의 귀한 만남과 그들, 그녀들과 조금씩 키워온 배움의 장이 없었다면 이 책이 태어나는 일도 없었을 것이다.

또한 연재를 시작했을 때부터 지금에 이르기까지 고락을 함께해온 신초사의 아다치 마호 씨. 어떻게 해서든 좋은 책을 세상에 내놓고자 하는 그녀의 높은 프로 의식과 정열에 전폭적인 신뢰를 보낸다. 첫 번째 책 작업을 함께할 수 있어서 정말 행복했다.

그리고 평탄하다고는 할 수 없는 독립연구자의 길을 함께 걸어가 주는 아내. 지금도 문득 눈을 들면 아내의 돌봄을 받고 자라는 정원의 식물들이 기쁜 듯이 햇볕을 받고 있는 모습이 보인다. 마음이란 다른 사람과 서로 통하는 것이라고 내게 가르쳐준 이도 아내다.

끝으로 나의 창조 의욕을 내가 모르는 곳에서 뒷받침해주는 눈에 보이지 않는 바람, 길가의 개미, 흙속의 지렁이와 저 멀리 떨어진 수많은 성운에 감사하고 싶다. 이것은 내가 상상도 하지 못했던 것들과 함께 쓴 책이다.

지은이 주

1장 _ 수학하는 신체

1 시모무라 토라타로, 〈과학사의 철학〉 p.73
2 스타니슬라스 데하네, 〈The Number Sense〉
3 빅터 J. 카츠, 〈카츠 수학의 역사〉 p.7
4 드니 게지, 〈수의 역사〉 p.37
5 〈카츠 수학의 역사〉 p.265
6 '삼평방의 정리'는 '피타고라스의 정리'라고도 불리며 세계적으로는 후자의 명칭이 일반적이다. 하지만 정리의 주장은 피타고라스 이전부터 경험적으로 알려져 있었다. 피타고라스 자신이 이 정리를 '증명'했을 가능성은 낮다.
7 단, 원본은 존재하지 않으므로 손으로 쓴 사본을 통해서 그 내용을 파악할 수밖에 없다. 현재 출판되어 있는 〈원론〉의 각 나라 번역은 모두 덴마크의 고전학자인 하이베르크에 의한 그리스어 교정판에 기초하고 있다.
8 단, 제5권은 비와 비례에 대한 기초적인 이론을 다루고 있다.
9 사이토 켄, '수학사의 패러다임·체인지'(〈현대사상〉 2000년 10월 증간호 총특집 : '수학의 사고'에 수록)
10 같은 글
11 '미술'의 역사의 시작을 어디에 둘 것인가를 물었을 때 사냥과 조리 등 실용을 위해서가 아닌 '보고, 느끼기' 위한 도구가 만들어진 시점이라는 대답은 큰 설득력을 갖는다.(하시모토 마리, 〈교토에서 일본 미술을 보다 교토국립박물관〉)
12 이토 슌타로, '사람은 수학에서 무엇을 추구해왔는가'(〈생각하는 사람〉 2013년 여름호에 실린 인터뷰) p.42
13 하이데거의 1935~1936년 후라이부르크대학 동계 학기 강의록 'Die Frage nach dem Ding'(일역판 '현상에 대한 물음 초월론적 원칙론을 향해서')에 수록. 필자가 참조한 것은 영역판 〈Modern science, Meta-physics, and Mathematics〉

14 앤디 클락, 〈나타나는 존재〉(부록 : 에딘버러대학 철학 교수 논리학·형이상학 강좌 주임교수 앤디 클락 씨에 의한 강연과 토론)

15 Triantafyllou, M. and Triantafillou, G. 'An efficient swimming machine', Scientific American 272(3), pp.64~71, 1995. 본문의 기술은 〈나타나는 존재〉 제11장에 기초해 있다.

16 '사용법'의 원문은 영어로 쓰여 있다. 여기서는 쓰카하라 후미의 번역문(〈아라카와 슈사쿠의 궤적과 기적〉 pp.177~178)을 게재했다.

2장 _ 계산하는 기계

1 〈오카 키요시 전집 제4권〉 '매화 피어 좋은 날'

2 〈에우클레이데스 전집 제1권 원론 I—IV〉 p.230

3 사이토 켄, '고대 그리스의 수학'(〈서양 철학사 1〉에 수록) p.176

4 플라톤, 〈국가〉 527 A-B

5 고대 문헌에는 A, B, C, D 문자 대신 여기에 구체적인 기하학적 대상을 가리키는 표현이 들어간다.

6 알패드 사보, 〈그리스 수학의 시원〉

7 정의의 개수는 후세의 편집자가 붙인 번호에 의한다. 23개라는 것은 현대의 교정판에서 개수이다.

8 〈에우클레이데스 전집 제1권 원론 I—IV〉 p.184

9 사이토 켄, 〈유클리드 '원론'은 무엇인가〉

10 생몰 연도에는 여러 설이 있는데 여기서는 〈카츠 수학의 역사〉에 따랐다.

11 원래 '자부르'도 '무카바라'도 방정식을 풀기 쉬운 형태로 변형하는 절차를 가리키는 것으로, 요즘 식으로 말하자면 이항 절차의 특별한 경우에 해당한다. 구체적으로는 '자부르'는 식의 일변에서 뺀 양을 다른 변에 추가하는 조작을 가리킨다. '무카바라'는 식의 양변에서 똑같은 양을 빼고 정의 항을 작게 하는 조작을 가리킨다. 예를 들면 $4x+3=5-3x$를 $7x+3=5$로 변형하는 것은 '자부르'의 예고, 이것을 $7x=2$로 변형하는 것은 '무카바라'의 예다. 이 '자부르'에 정관사인 '알'이 붙은 '알자부르'가 이윽고 수학 분야를 가리키는 이름으로 바뀌었다.

12 조지프 마주르, 〈수학 기호의 탄생〉 p.160

13 번역은 나카무라 코시로, 〈근대 수학의 역사〉에 따름.

14 고대 그리스 수학의 유산과 인도-아라비아류의 계산술 그리고 이슬람 세계에서 도래한 알자부르의 혼합 속에 근대 서구 수학의 싹이 성장해나간 모습에 대해서는 사사키 치카라의 〈수학사〉, 〈수학사 입문〉 등에 자세히 나와 있다.

15 E. T. 벨의 〈수학을 만든 사람들 I〉에 따르면 프랑스의 수학자 프랑소와 아라고(1786~1853)의 말.

16 니콜라 부르바키, 〈부르바키 수학사 상〉 pp.54~55

17 나중에 리만의 '면 이론'을 엄밀하게 정식화한 헤르만 바일(1885~1955)의 말(헤르만 바일, 〈리만 면〉).

18 '러셀의 패러독스'는 '자기 자신을 원소로 포함하지 않는 집합'을 모두 모은 집합을 정의하려 하면 모순이 발생한다는 패러독스를 가리킨다. 이것은 '소박 집합론'이라 불리는 당시의 집합 이론의 정당성에 큰 의문을 던지는 발견이었다.

19 어떤 형식계가 '모순되어 있다'는 것은 그 체계의 언어 안에 긍정적으로도 부정적으로도 증명되는 명제가 존재한다는 것을 말하고, 모순되어 있지 않은 형식계를 가리켜 무모순인 형식계라 부른다.

20 괴델의 논문 '수학 원리 및 관련 체계의 형식적으로 결정 불능한 명제에 대하여 I'(Über formal eunentscheidbare Sätze der Principia Mathematica und verwandter Systeme, I. *Monatshefte fur Mathematik und Physik 38*, pp.173~198, 1931)에는 두 개의 주 정리가 있어서 현재에는 각각 제1불완전정리, 제2불완전정리라고 알려져 있다. 이 가운데 '제1불완전정리'는 초등적인 자연수론을 포함하는 ω무모순인 형식계는 불완전하다는 것, 다시 말해 그 형식계의 언어로 표시되지만 그 형식계에서는 증명도 반증도 할 수 없는 명제가 존재한다는 것을 주장한다. 여기서 괴델이 말하는 'ω무모순'은 '무모순'보다 조금 강한 개념이지만 1936년에 미국의 논리학자 존 버클리 로서에 의해 이 조건이 완화되어 무모순성의 가정에서만 형식계의 불완전성을 증명할 수 있다는 것이 드러났다. 더욱이 '제2불완전성정리'에 따르면 초등적인 자연수론을 포함하는 형식계가 무모순이라면 그 무모순성은 그 형식계 안에서는 증명할 수 없다. 수학 이론의 전체를 형식계에 모사한데다가 그 형식계의 무모순성을 '유한한 입장'에서 증명한다는, 일종의 자기 완결적인 무모순성 증명을 지향했던 힐베르트 계획에 있어서 이것은 치명적인 타격을 입는 결과였다. 단, 힐베르트 자신은 '유한한 입장'을 특정 형식계로서 명확하게 규정했던 것은 아니라서 힐베르트 계획이 직접적으로 부정당한 것은 아니며,

'유한한 입장'을 확대 해석함으로써 여전히 계획의 수행이 가능하다는 견해도 있다.

21 공간상에 정의된 함수의 집합을 그 자체 하나의 '공간'으로 간주하는 경우가 있다. 이렇게 하나의 공간이라고 본 함수의 집합을 '함수 공간'이라 부른다.

22 '위상 공간'은 공간이 갖는 '원근'의 정성적인 성질을 공리로서 추출함으로써 정의되는 수학 개념으로, 현대 수학에서 매우 중요한 역할을 맡는다.

23 On Computable Numbers, with an application to the Entscheidungs-problem, Proceedings of the London Mathematical Society (2), 42, pp.230~265, 1963.

24 튜링은 논문에서 논리의 수학적 모델의 하나인 '일차술어논리'의 결정 문제를 부정적으로 해결했다. 즉 '일차술어논리의 체계 안에서 허용되는 기호를 사용해서 구성된 임의의 명제에 대해서 그 명제를 그 체계에서 증명할 수 있는지 여부를 판정하는 기계적 수순은 존재하지 않는다'는 것을 증명했다. 단, 이 문제에 대해서는 튜링과는 독립적으로 프린스턴대학의 알론조 처치가 같은 결과에 도달해서 그것을 튜링보다 조금 먼저 논문으로 출판했다. 이로 인해 튜링의 이 논문은 제시한 결과에 따라서가 아니라 결과를 제시하기 위해서 도입한 '튜링 기계'라는 독창적인 계산 모델에 의해 기억되게 되었다.

25 Systems of Logic Based on Ordinals, Proceedings of the London Mathematical Society (2), 45, pp.161~228, 1939.

26 bombe은 현지에서는 bomb(폭탄)과 똑같이 '봄'이라고 발음된다. 튜링에 대한 일본어 문헌에서는 이것을 '봄부' 또는 '봄베'라고 표기하는 경우가 많은데 근거는 불명확하다. 여기서는 실제 발음에 충실해서 '봄'이라고 표기한다.

27 앤드류 호지스는 〈에니그마 앨런 튜링전〉에서 에니그마의 설정에 대한 '가설'이 이끄는 '모순'을 기계적으로 검출하는 튜링 봄의 원리가 '놀랄 만큼 수리논리학의 원리와 비슷하다'라는 흥미로운 지적을 하고 있다.

28 이 논문은 튜링 사후 14년 동안 미공개였기 때문에 신경회로망 이론의 형성기에 이 논문이 본질적인 영향을 미칠 기회는 없었다고 볼 수 있다.

29 'Computing Machinery and Intelligence', Mind, 59, (236), pp.433~460, 1950.

30 같은 논문

31 'Solvable and Unsolvable Problems', Science News, 31, pp.7~23, 1954.

3장 _ 풍경의 시원

1 고바야시 히데오, 〈소가노 우마코의 묘〉
2 〈오카 키요시 전집 제2권〉 '회화'
3 스타니슬라스 데하네, 〈The Number Sense〉 p.239
4 같은 책, p.239
5 같은 책, p.241
6 같은 책, p.243
7 같은 책, p.69
8 같은 책, p.245
9 같은 책, p.246
10 '회화'
11 빌라야누르 라마찬드란, 〈뇌 속의 천사〉

4장 _ 영의 장소

1 오카 키요시, 'H. Poincaré의 문제에 대하여, 소재 그 일'(〈오카 키요시 선생 유고집 제3집〉에 수록)
2 '와산에서는 일리一理를 양해하려는 경우, 그 이理에 관한 몇 개의 실례를 들어 그들을 이해시킨 뒤에 유추해서 이론 전체의 이해로 이끌어가는 것이 통례다. 반면에 양산은 그렇지 않아서 어디까지나 장황하게 이론을 전개하고 난 뒤에 실례를 제시해서 이론과 응용의 이해를 정착시키려고 한다.'(다카세 마사히토 〈다카기 테이지와 그 시대〉 p. 159)
3 오카 키요시, 〈쇼와에 보내는 유서, 패전해도 다시 좋은 나라로〉 pp.109~110
4 〈오카 키요시 전집 제4권〉 '라틴 문화와 함께'
5 〈오카 키요시 전집 제1권〉 '봄의 풀(나의 생애)'
6 〈오카 키요시 전집 제1권〉 '일본인으로서의 자각'
7 모리카와 쿄리쿠 · 무카이 쿄라이의 〈하이쿠 문답〉 '답호자문난변'에는 '일생에 빼어난 구 셋 · 다섯 있는 사람은 작가요, 열 구에 이르는 사람은 명인'이라고 나와 있다. 아쿠타가와 류노스케가 이 내용을 '바쇼 잡기'에서 소개했는데 오카 키요시는 후자를 에세이에 종종 인용하고 있다.
8 〈오카 키요시 전집 제2권〉 '호수 바닥의 고향'
9 〈오카 키요시 전집 제2권〉 '새벽을 기다리다'

10 실수 a와 b를 이용해서 $a + b\sqrt{-1}$이라고 나타낼 수 있는 수를 가리켜 복소수라고 한다.

11 여기서는 '해석함수'라는 말을 조금 막연한 의미로 사용하고 있지만 해석함수는 극을 갖지 않는 '정칙함수'와 극을 가져도 좋은 '유리형함수' 둘 중 하나를 가리키는 경우도 있고, 1906년에 증명된 하르톡스의 정리는 보다 정확하게는 '내분기하지 않는 정칙함수의 존재역은 유사 볼록하다'는 것을 주장하는 것이다. 이어서 1910년에 E. E. 레비에 의해 '내분기하지 않는 유리형함수의 존재역도 유사 볼록하다'는 사실이 증명되어 바이어슈트라스의 예상은 완전히 뒤집혔다. 이에 대해서 '내분기하지 않는 유사 볼록 영역은 정칙역인가'를 묻는 것이 '하르톡스의 역문제'다. 오카 키요시의 업적에 대한 보다 상세한 해설로는 다카세 마사히토의 '오카 키요시 만년의 꿈 내분기역의 세계'(《기미 고개를 넘어서 오카 키요시의 시대 수학의 회상》에 수록), 오사와 타케오의 〈오카 키요시 다변수함수론의 건설〉 등이 있다.

12 '라틴 문화와 함께'

13 '수학의 역사를 말하다'(《수학 세미나》 1968년 9월호에 수록)

14 〈오카 키요시 전집 제1권〉 '춘소십화'

15 같은 책

16 단, 고등학교 시절의 동기인 다니구치 토요사부로의 경제 원조와 이와나미 시게오가 만든 '풍수회'의 장학금 등 얼마 안 되는 수입은 있었다.(다카세 마사히토 〈오카 키요시 수학의 시인〉)

17 〈춘우의 곡〉 (제7고)

18 〈오카 키요시 전집 제2권〉 '봄날, 겨울날'

19 에도시대 중기의 하이쿠론을 소개한 책 〈산조시〉와 무카이 쿄라이의 하이쿠 관련 책 〈여침론〉이 출전이지만 여기서는 〈오카 키요시 전집 제2권〉 '여성과 수학'에서 오카 키요시가 소개하고 있는 형태 그대로 인용했다.

20 독일의 대수학자 에밀 아르틴에 의한 부르바키 〈수학 원론〉 '대수' 권의 서평에 나오는 말. (Emil Artin, Review of Bourbaki's Algebra, Bulletin of the American Mathematical Society, 59, pp.474~479, 1953)

21 가와이 료이치로 '오카 키요시 선생과 앙드레 베유'(《대학에서의 수학》 1987년 10월호에 수록)

22 〈오카 키요시 전집 제2권〉 '이 세상'

23 〈만엽집〉 권제8 1422번 '오와리노 무라지의 노래'

24 〈오카 키요시 전집 제1권〉 '종교에 대하여'

마지막장 _ 생성하는 풍경

1 T. S. 엘리엇, '리틀 기딩Little Gidding'에서. 원본과 이와사키 소지의 번역을 참조해서 작성했다.

옮긴이의 말 1

미키, 믿을 수 없겠지만 난 지금 에도에 있어.

수술을 하면 살인자로 몰리는 세상에서

마땅한 도구나 약도 없이 수술을 해야 하는 처지가 되어버렸어.

너무 간단해서 2009년이라면 실패할 리 없는 수술이

여기서는 생사를 건 고투가 되고 말아.

여태껏 수술을 성공시켜왔던 건 내 실력이 아니었던 거야.

지금까지 누군가가 만들어놓은 약과 기술,

설비나 지식에 의해서 가능했던 거야.

이 모든 걸 잃어버린 나는

통증을 줄이며 상처 꿰매는 법 하나 모르는 돌팔이일 뿐이야.

14년이나 의사로 살면서 이런 것도 몰랐다니,

내가 이렇게 보잘것없는 존재였다니….

이 대사는 일본 후지텔레비전에서 2009년과 2011년에 각각 시즌 1, 2로 나누어서 방영한 〈진仁〉이라는 드라마에 나오는 주인공 진의 독백이다.

2009년, 어느 대학병원의 뇌외과의로 근무하고 있던 진은 우연히 사건에 휘말리는 바람에 1862년 에도시대로 시간 여행을 하게 된다. 좌충우돌하며 에도시대의 삶을 살던 진은 저잣거리에서 말발굽에 머리를 차여 심한 부상을 입은 여인을 수술하게 된다. 평소 같았으면 식은 죽 먹기였을 간단한 수술이지만, 수술실은 고사하고 수술 도구조차 없는 에도시대의 시장 바닥에서는 목숨이 오가는 위험한 수술일 수밖에 없었다. 진은 무엇보다 마취제가 없어서 극심한 곤란을 겪는다.

응급 상황인지라 결국 마취제 없이 머리의 상처를 꿰매는 수술을 시작하고, 여인은 죽을 것 같은 고통을 호소하다 기절하고 만다. 진은 여인의 혼절을 목도하고 자신의 무능함을 뼈저리게 자각한다. 다행히 수술은 여인의 어린 아들이 울면서 부른 '노래 마취제(에도 사람들이 통증을 잊게 해준다고 믿으며 부르는 노래)'와 이에 용기를 얻은 진의 투혼 덕에 무사히 마칠 수 있었다.

나는 수술이 끝난 뒤 진이 무심코 내뱉은 "내가 지금까지 성공적인 수술을 할 수 있었던 것은 내 실력이 아니었어. 지금까지 누군가가 만들어놓은 약과 기술, 설비나 지식에 의해서 가능했던 거야"라는 말의 무게에 주목하고자 한다. 그리고 진의 말에 좀 더 생명력을 불어넣고, 이것을 범용성이 높은 지知의 수준으로 끌어올리기 위해서 '선물' 또는 '증여'라는 말을 가져오고자 한다.

진은 누군가로부터 선사받은 증여 또는 선물에 의해서 '수술할 수 있는' 인간으로 자기 조형이 가능했다는 사실을 뒤늦게나마 깨닫는다. 그 누군가는 따져보면 셀 수 없이 많을 것이다. 수술할 때 사용하는 도구인 실, 바늘, 가위, 봉합기, 마취제 등을 만든 사람, 수술이라는 행위 자체를 발명한 사람, 외과라는 의학 분야를 만든 사람, 더 거슬러 올라가면 사람을 치료하는 의료라는 행위를 창시한 사람 등등. 실로 셀 수 없는 사람들의 증여 덕분에 진은 지금 여기에 '외과의사'로 존재할 수 있는 것이다.

이런 측면에서 본다면 의료 분야든 학문이든 세계에서 처음으로 증여한 인간이 가장 훌륭하다고 할 수 있을 것이다. 이 '최초의 일격'은 어떠한 답례를 하더라도 상쇄할 수 없기 때문이다. 따라서 '증여자'에게 답례 의무로서 상쇄하려고 들어서는 안 된다. 해도 상관은 없지만 '증여를 처음으로 시작했다'는 사실은 어떠한 답례에 의해서도 상쇄할 수 없으므로 해도 무의미하다.

수증자 또는 피증여자가 증여자에게 느끼는 부채감은 자기 자신을 다른 사람에 대한 '증여자'로 재구축하는 것으로만 상쇄할 수 있다. 자신이 새로운 '증여 사이클의 창시자'가 되었을 때 비로소 그 절박한 부채감이 완화된다. 이렇게 해서 증여는 도미노가 넘어가듯이 최초의 한 명이 시작하면 그다음은 무한하게 연쇄되는 프로세스다.

나는 학술의 본질 또한 새로운 '증여 사이클의 창시'에 있다고 생각한다. 학술서나 학술 논문은 심사자에게 높은 평가를 받음으로써 성과급과 특정한 지위를 확보하기 위해 쓰는 것이 아니다. 그런데 지금 한국의 대학에 소속된 많은 연구자들은 심사자에게 높은 평가를 받고, 이를 통해서 지위와 돈을 확보하는 것을 학술 논문을 쓰는 주된 목적이라고 생각하는 경향이 무척 강하다.

학술의 본질을 새로운 '증여 사이클의 창시'라고 본다면 연구라는 것은 자신 뒤에 오는 비슷한 주제에 대해 탐구하게 될, '아직 존재하지 않는 연구자'를 위한 일종의 이정표를 만드는 일이기도 하다. 그러므로 내가 하고 있는 연구의 본질에 대한 정의에 제대로 호응해주고 생각을 확장시켜주는 학술서나 학술 논문을 만나는 것은 지극히 행복한 일이다.

모리타 마사오라는 독립연구자가 쓴 〈수학하는 신체〉 역시 좀처럼 만나기 힘든, 학술의 본질이 무엇인지를 꿰뚫고 있는 책이다. 이 책을 번역하고 나서 나는 다시 한 번 운동화 끈을 단단히 조이면서 '학술의 본질이란 무엇인가?'라는 물음과 아울러 이 물음에 대한 탐구를 마음 깊이 새겨볼 수 있었다.

학술지學術知라는 것은 본래 집단적인 영위다. 비유적으로 표현하자면 험준한 산을 오르면서 나중에 오르는 사람들을 위해 길을 개척하는 것과 같은 일이다. 아무도 오른 적이 없는 전인미답의 산에 올라서 산 정상을 밟은 사람은 나중에 거기에 오를 사람들을 위해

지도를 만든다. 뿐만 아니다. 길이 갈라지는 곳에는 표식을 세우고, 오르고 내려가기 편하도록 계단을 만들고, 비바람과 추위를 피할 수 있는 거처를 마련해놓기도 한다. 이름도 모르는 선인이 이런 식으로 길을 개척해준 덕분에 나중에 그 산을 오르는 사람들은 선인과 같은 신체 능력이나 정신력이 없어도 정상에 오를 수 있다.

학문을 하는 것도 이와 같은 일이라고 나는 생각한다. 어떤 전문 분야에서도 선구자는 전인미답의 길에 발을 들여놓는 일부터 시작해서 길을 개척하고, 도표道標를 세우고, 계단을 만들고, 위험한 곳에는 난간을 마련해서 나중에 오르는 사람들이 안전하게, 길을 헤매지 않고 정상에 오를 수 있도록 배려한다. 이러한 이른바 '증여'의 행위가 각각의 전문 영역에서 집합지集合知를 만들어낸다. 따라서 어떤 영역에서든 최전선front line에 선 사람들의 책무는 '길 없는 곳'에 길을 내는 것이다.

그렇다면 '학술의 최전선'이라고 많은 사람이 믿고 있는 2016년 대한민국 대학의 모습은 어떠한가? 한 해에도 수많은 학술 논문이 쏟아져나오는 지금의 한국 대학은 학술의 최전선에 서 있는가? 전혀 그렇지 못하다. '교수업적평가' 심사를 받고 이에 걸맞은 '당근(성과금)' 획득에만 관심이 있는 사람들은 결코 '길 없는 길'을 선호하지 않는다. 그들은 '길이 나 있는 길'만을 가려고 한다. 이미 많은 사람들이 다닌 길, 어떤 걸음걸이로 걸었더니 목표를 빨리 달성했다든지, 하루에 몇 킬로미터를 돌파했다든지, 몇 킬로그램을 지고 걸어갔다든지 하는 식으로 상대적인 우열이 수치로 측정 가능한 길을 걷는 것을 선호한다. 그렇게 하지 않으면 자신의 등산가로서의 역량을 어필할 수 없다고 생각한다. 수량화, 수치화할 수 없는 것은 존재하지 않는 것과 똑같다고 생각하는 반지성적 태도가 만연한 시대에 우리는 살고 있다. 나는 그들이 발신하는 말을 '자신의 이익만을 추구하는 말'이라고 정의하는 데 전혀 주저하지 않는다. 우치다 타츠루 선생은 이런 태도를 '엔드유저십end-usership'이라 일컬었는데, 이는 예컨대 논문을 씀으로써 얻는 이익을 오로지 자기 혼자 독점하는 태도를 가리킨다.

자신의 이익만을 위해서 발신하는 말에는 설득력이 없다. 자신이 쓴 논문이 저명 학술지에 게재되더라도, 아무리 말의 조리가 맞고 수사가 훌륭하다 하더라도 설득력이 없다. 자신의 이익 추구만을 목적으로 발하는 말은 오로지 '심사자'를 배타적으로 지향하기 때문이다. 이 땅에서 생산되는 많은 학술서의 수명은 심사자들의 평가를 받고 나면 대부분 본분이 끝나버린다. 그들이 아닌 사람들의 귀에 가닿아도 아무 의미가 없기 때문이다. 시험 답안이 채점자를 향해서 쓰이는 것처럼, 학술 논문이 편집위원과 심사자를 향해 있듯이, 자기 이익 추구만을 목표로 발신하는 사람들의 말은 학회 같은 닫힌 집단의 권력을 가진 사람에게만 향해 있다. 그리고 심사 기준이 안정적이려면 심사자가 가능한 한 적은 편이 좋다. 파이의 분배에서 그것을 나눠 가질 권리가 있는 사람에게만 볼일이 있기 때문이다. 나는 이런 글쓰기 태도를 '자신들을 위한 말'이라고 정의하며, 이것이 학술의 본질과는 아무래도 부합하지 않는다고 생각한다.

이와 반대로 '바깥으로 향하는 말'에는 옳고 그름, 높고 낮음에 대한 수치적인 평점을 제공하는 심사자가 없다. 그것은 채점자나 심사자 앞에 제출된 '답안' 또는 '논문'이 아니라 가능한 한 많은 사람들의 귀에 가닿게 하고 싶은 절박함이 묻어 있는 '메시지'이기 때문이다. 이런 말을 하는 사람이 추구하는 것은 몇몇 심사자로부터 높은 평가를 받는 것이 아니라 많은 사람의 귀에 자신의 '말'이 가닿고, 자신의 말을 이해할 수 있는 사람 수를 늘려나가는 것이다.

이 책의 저자 모리타 마사오의 '말' 또한 수학을 좋아하는 사람들뿐만 아니라 수학을 싫어하거나 나아가 수학에 전혀 문외한인 사람들의 귀에 가닿게 하고 싶다는 '메시지'를 내포하고 있다. 그는 어떤 연구실에도 속하지 않고 대학 바깥에 있으므로 정부 기관이나 대학으로부터 지원을 받지 않는다. 그러므로 심사니 평가니 하는 것과 상관없이 '독립연구자'라는 신분으로 '수학 연주회'와 '어른들을 위한 수학 교실' 강좌를 일본 각지에서 열면서 꾸준히 학술 활동을 하고 있다. 우리는 우리에게 매우 낯선 '독립연구자'라는 정체성을 가진 그가 '학술'의 본질을 꿰뚫고 있다는 역설적인 사실에 주목할 필요가 있다.

나는 앞에서 학술의 본질은 '새로운 증여 사이클의 구축'에 있다고 썼다. 자신의 연구가 새로운 증여 사이클의 시발점이 되게 하기 위해서는 먼저 자신이 무엇을 하려고 하는지, 학술적인 주제의 선택에 필연성은 있는지를, 나 같은 문외한이라도 이해할 수 있도록 설명하는 것부터 이야기를 시작하지 않으면 안 된다. 이것은 학술의 본질을 꿰뚫고 있는 연구자가 독자들에게 하는 최초의 '인사'라고 할 수 있다. 내가 〈수학하는 신체〉에 강하게 이끌린 것은 이 인사에 해당하는 부분이 너무 선명하게 제시되어 있었기 때문이다. 아마 그가 학술의 본질은 심사나 평가에 있는 것이 아니라 한 사람이라도 많은 이의 귀에 가닿는 것이라는 사실을 알고 있었기 때문이 아닐까 싶다.

인사가 끝나면 해당 주제(여기서는 수학)에 대해 지금까지 축적해온 연구 업적을 감사하거나 경의하는 표시가 이어진다. 당연히 학적 전통이라는 것은 '지적인 선물의 다음 세대로의 계승'이라는 역동적인 여정일 수밖에 없기 때문이다. 연구자 자신이 지적인 자원의 증여자일 수 있다는 것은 자신 또한 선행하는 연구자들로부터 '선물'을 받았다는 의미다. 선행 연구에 아무런 빚도 지지 않은 하늘 아래 완전히 독창적인 학술 연구는 존재하지 않는다. 독자에 대한 인사에 이어 이러한 선행 연구로부터 입은 은혜에 충분히 감사하는 마음과 경의를 표시하는 것을 저자는 놓치지 않는다. 자신의 연구가 어떤 지적 전통의 맥락에 위치하고 있는지를 적절하게 말할 수 있는 쿨하고 중립적인 지성의 소유자라면 그 맥락에 자신이 존재한다는 것을 '행운'으로 여길 줄 안다. 그리고 선행 연구 세대에 감사하는 마음을 갖는 것처럼 후속 연구 세대에 대한 배려심도 갖기 마련이다. 후속 연구 세대를 배려하는 마음을 갖는다는 것은, 학술서나 학술 논문을 읽고 지적 흥분을 느껴서 똑같은 주제를 '나도 일생을 걸고 연구하고 싶다'고 생각하는 후학을 만들어내는 일에 큰 관심을 가지고 있다는 뜻이다.

학술의 본질은 '이미 존재한 것에 기초해서 평가받는 것'이 아니라 지금껏 존재하지 않은 것을 창조하는 데 있다. 〈적과 흑〉의 말미에 스탕달이 'To the Happy Few'라고 영어로 표기한 것은 동시대 독자의 호응을 얻을 수 없다는 것을 각오했기 때문일 것이다. 그의 책은 동시대인들에게 '이미 존재하고 있었던 욕구나 욕망'에 대응하지 않았다. 하지만 이 책이 출현함으로써 세계는 이전과는 다른 곳이 되어버렸다. 책이라는 것은 이처럼 생성적이다. 책이 생명력을 갖는다는 것은 이런 책을 찾는 독자, 이런 책을 읽을 수 있는 독자를 창조하는 데서 시작된다.

옮긴이로서, 학술 증여에 대한 부채감을 공감하는 연구자로서, 그리고 한 명의 독자로서 〈수학하는 신체〉는, 이 책이 나올 때까지 이런 책을 읽고 싶다고 생각한 '독자가 존재하지 않았던' 새로운 유형의 책이라고 감히 말하고 싶다.

'수학이란 무엇인가'라는 근원적인 물음에서 출발해 급기야 인간이란 무엇인가, 마음은 어디에 있는가, 안다는 것은 무엇인가, 정서란 무엇인가 하는 근원적인 질문들의 확장과 탐구로 쉴 새 없이 이어지며 모리타 마사오가 새로이 개척한 길은 새로운 독자를 창출하는,

더 엄밀하게 말하자면 새로운 독자의 욕구와 욕망을 불러일으키는 책으로 탄생했다.

그리고 이 책이 품고 있는 메시지의 수신인은 다름 아닌 바로 독자 여러분이다.

2016년 7월

박동섭

영어에 'It makes sense.'라는 표현이 있다. '말이 된다' '의미가 통한다' '일리가 있다' '이해가 된다' 등으로 번역이 가능할 것이다.

그럼 이 말의 반대어는 무엇일까? 문법적으로 하자면 'It doesn't make sense'일 것이다. 그러면 이 문장은 한국어로 어떻게 바꿀 수 있을까?

2008년에 전세계 비고츠키 연구자들이 모이는 학회가 미국 USCD(University of California in San Diego)에서 열려 연구발표차 그 학회에 참가한 적이 있다. 발표 후 질의응답 시간에 다음과 같은 '말'을 내 발표를 들었던 학회구성원들로부터 집중포화처럼 들었다.

그 말인즉슨 "It doesn't make sense". 그런데 이 말은 우리가 평소에 알고 있는 '의미를 모르겠다'는 의미가 아니다. 그들이 이 문장을 말할 때 다음과 같은 맥락에서 말하였기 때문이다.

"I understand what you mean. But, It doesn't make sense."

'당신 말의 의미는 잘 알겠습니다, 그런데 아무래도 좀 이상합니다'라고 이해하는 것이 이치에 맞을 것이다. 물론 그들의 이런 물음이 준비된 '질문내용'을 가지고 하는 질문이 아니라는 것쯤은 영어를 모국어로 사용하지 않는 나도 충분히 감지할 수 있었다. 당시 그들의 표정이나 제스처 등을 봤을 때 나의 발표 내용을 한참 듣다가 직관적으로 던진 질문이었던 것이다. "It doesn't make sense!"라는 외침은 그들 내부에서 치고 올라오는 강렬한 의문을 제어할 수 없어 나온 것으로 내게 다가왔다.

〈수학하는 신체〉. 이 책은 이러한 '아무래도 이상하다'라든지 '어딘가 좀 이상하다'라는 직관이 어떻게 생기는지 어떻게 해서 그러한 직관이 날카로워지고 단련될 수 있는지를 수학, 좀 더 정확하게 말하자면 '수학의 역사'를 매개로 해서 모색하는 책이다.

꽤 오래전 일이다. 둘째 아이가 막 다섯 살이 되었을 무렵, TV에서 하는 만화를 보고 있다가 갑자기 "아빠, 이상해! 이상해!"라고 말하고 머리를 감싸고 몸을 배배 꼬았다. 내가 황급히 "왜?"라고 묻자 아이가 서툰 말로 설명한 것은 '텔레비전에 나오는 만화가 움직이는 게 이상하다'였다. 나는 그때 놀라움과 감탄으로 말문이 막히고 말았다. 그때 둘째 아이의 질문에 어떻게 대답하였는지는 지금은 전혀 기억이 나지 않지만, 딸이 굉장한 질문을 했다는 실감만은 지금도 기억에 남아 있다.

아인슈타인이 '특수상대성이론'이라는 발상에 이르게 된 최초의 동기는 그가 열여섯 살일 때 처음 느낀 의문이었다고 한다. 그는 그 때 이미 빛의 파동에 대해 생각하고 있었다.

> 그때 나는 빛의 속도로 빛이 진행하는 방향으로 달려보면서 그 안에서 빛을 관찰해보았다. 그렇게 해보니 이론적으로 빛은 완전히 정지한 전자파처럼 보이지 않으면 안 된다. 그러나 완전히 정지해서 움직이지 않는 전자파라는 것은 맥스웰의 전자방정식에서도 절대로 나타낼 수 없는 것이다. 내가 오히려 '자명'하다고 생각한 것은 나 자신이 광속으로 달렸다고 하더라도 거기서 보이는 세계는 현재 이 지상에서 정지해서 보고 있는 세계와 조금도 다르지 않을 것이라는 점이다.

이런 생각을 하고 난 약 10년 후, 아인슈타인은 시간과 공간은 속도에 의존한다는 일견 '직관'과는 완전히 상반되는 이론을 구성하기에 이르게 되었다. 아인슈타인도 또한 'It doesn't make sense!'라는 감각을 강렬하게 느껴며 그 '걸리적거림'을 십수 년 동안 제거하지 않고 계속 갖고 있었기 때문에 이런 굉장한 생각을 할 수 있었을 것이다.

모리타 마사오 선생의 수학 연주회에 단골로 등장하는 프레게Frege라는 독일 태생의 수학자가 있다. 그는 근대 수리철학과 분석철학의 기초를 세웠으며, 철학과 수학의 경계선(수학의 철학과 수학논리)을 연구하여 근대 논리학 전체를 발달시킨 기초개념을 알아낸 것으로 유명하다. 프레게가 1884년에 쓴 〈산술의 기초〉는 "숫자 1은 무엇인가?"라는 물음으로 시작한다고 한다. 그는 당시의 수학자와 철학자가 '1이란 무엇인가?'라는 물음에 대해서 그 누구 하나 만족할 만한 대답을 내어놓지 못한 것은 부끄러워야 할 일이라고 말하고 평생 숫자 '1'의 해명에 매달렸다고 한다.

화이트헤드Whitehead와 러셀Russell이 공저로 쓴 〈수학원리Principia Mathematica〉라는 2000페이지에 달하는 대저가 있다. 이 책은 '수학을 철저하게 형식화하는' 장대한 프로젝트의 단서를 제공할 목적으로 쓰였다고 한다. 그런데 그들의 이 계획은 상상 이상으로 난항을 거듭하게 되고, 700페이지에서 겨우 '1+1=2'가 된다는 일견 너무나도 당연하게 생각하는 것이 증명되었다고 한다.

프레게와 화이트헤트 및 러셀이 이런 연구를 추동시킨 동기 또한 자명한 것 혹은 너무나 당연하게 보이는 것에 대해 'It doesn't make sense'라 말하는 감각이었을 것이다.

모리타 마사오 선생이 스승으로 섬기고 있는 오카 키요시岡潔라는 일본 태생의 수학자가 있다. 오카 키요시는 1901년에 태어나서 1936년에 처음 논문을 쓰게 되는데 아무래도 오카는 그 당시 세계 수학의 조류와는 크게 다른 길을 목표로 하였던 것 같다. 오카 키요시는 "나는 계산도 논리도 없는 수학을 하고 싶다"고 말했다. 이 발언에는 아주 강한 주장과 깊은 의미가 있다고 모리타 선생은 말한다. 20세기 전반의 수학은 '형식화'와 '추상화'의 방향으로 진행하고 있었다. 그 흐름에 저항하려고 한 것이 오카 키요시라고 한다. 이 책의 본문에도 나오는 말인데, 오카는 다음과 같이 말한다.

> 수학에서 자연수 1은 무엇인가를 수학은 완전히 모른다. 실제로 수학에서 자연수 1을 정의하려고 해도 진전 없이 반복만 되다가 끝나기 십상이다. 그래서 여하튼 자연수 1이 있다고 선언하고 나서 시작한다. 1이 무엇인가 하는 것은 수학에서는 대답할 수가 없다. 수학에서는 여하튼 1이 있다고 하는 것부터 출발하지 않으면 안 된다. 수학이 출발하기 위해서는 1이 있다는 실감이 있어야 하며 그 실감은 수학을 하고 있는 사람 안에 깃들어 있다.

20세기 전반의 적지 않은 수학자들 사이에 공유되어 있었던 것은 수학자로부터 분리된 완전히 형식적인 시스템으로서 수학을 만들 수 있지 않을까 하는 전망이었다고 한다. 그런데 오카가 선택한 길은 이러한 시대의 분위기와는 역행하고 있었다. 오카 키요시가 수학의 길에 들어서려고 마음먹었던 20세기 초두는 '계산이란 무엇인가?' '옳은 추론은 무엇인가?' '애당초 수학이란 무엇인가?'와 같은 것이 수학에 있어서 절실한 '물음'으로서 부상한 시대였다. 그런데 오카 키요시가 "계산도 논리도 없는 수학을 하고 싶다"고 말하였을 때 그가 이러한 시대의 흐름에 무지했을 리가 없다. 그렇다고 한다면 오카의 감각 또한 '아무래도 좀 이상한데', '어딘가 이상한데'와 같은 'It doesn't make sense'였을 것이다.

아인슈타인을 비롯해서 프레게, 화이트헤드, 러셀, 오카 키요시와 같은 사람들이 공통으로 갖고 있는 것은 한마디로 하자면 '존재에 대한 전율'이다. 자신을 포함한 자신 주위에 있는 모든 존재(즉 '있다는 것')가 단지 'A가 있습니다'라는 감각이 아니라 '거기에 있는 것'이 넘쳐 흘러나오는 '존재성'을 발산시켜 눈에 들어오는 자극의 '정보량'을 훨씬 넘어서서 '존재량存在量'이라고 새롭게 이름 붙여야 할 것을 갖고 있는 듯이 느낄 수 있는 것이 바로 '존재에 대한 전율'일 것이다.

혹시 가능하다면 국어사전에 새롭게 등록시키고 싶은 새로운 어휘꾸러미인 이 '존재량'은 우리 눈에 들어오는 자극의 정보량보다 몇 천 배나 많다. 그래서 똑같은 것이라도 몇 번이나 고쳐보면 그때마다 이 '존재량'이 증가하고, 하나의 대상을 보는 시점은 몇 만이라고 하더라도 그 '존재량'의 모든 것을 다 길어낼 수 없는 노릇이다. 이런 비유로 정보량과 존재량의 대비를 설명하면 어떨까 싶다. '정보량'은 한쪽 눈을 감으면 반이 된다. 그리고 양쪽 눈을 감으면 제로가 된다. 그러나 '존재량'은 한쪽 눈을 감든 양쪽 눈을 다 감든 심지어는 한눈을 팔든 전혀 변하지 않고, 실제로 거기에 당당히 '있는 것'으로서 샘처럼 무한히 솟아오르는 것이다. 존재하는 것에 대한 이러한 '존재량 감각'을 갖고 있는 경우 우리는 늘 그 '존재량'을 길어 올리려고 이런 저런 궁리와 음미를 계속하고 있다. 그것이 'Trying to make sense of the world' 즉 '세계를 이치에 맞는 것으로 파악하려는 행위'로 우리를 이끈다. '뭔가 좀 이상하다', '아무리 봐도 이상하다'는 직감은 그 '존재량'의 감소에 대한 예리한 직감이다. 먼저 거기에 직감이 작동하고 나서 그 '직감'에 대한 설명은 나중에 따라붙는다. 이 '존재량 감각'의 달인들의 학통을 이어받고 있는 모리타 마사오 선생은 그의 첫 동화책인 〈개미가 된 수학자〉를 쓰게 된 배경에 대해서 나에게 다음과 같이 들려준 적이 있다.

"1+1=2라는 수와 수가 합쳐서 나온 덧셈의 결과를 사람들은 마치 당연한 것처럼 사용하고 있습니다. 그렇게 당연한 것이 저에게는 오히려 신기하고 이상하게 다가왔습니다(It doesn't make sense). 그래서 자연계의 다른 생물에게 1은 어떤 의미를 갖고 있을까? 아니 그 전에 애당초 인간 자신은 1이라는 것을 제대로 정의하고 있을까, 하고 질문을 던진 것이 이 책을 쓰게 된 결정적 계기가 되었습니다."

덧붙여서 다음과 같은 이야기도 들려주었다.

"1이 있다는 것은 인간에게 당연한 일입니다. 너무 당연해서 오히려 제대로 정의할 수도 없습니다. '사람'이 '사람'인 한 1은 당연히 알고 있는 것. 그래서 설명할 수가 없는 것입니다. 아니 이렇게 말하는 것이 더 정확할 것입니다. '설명할 필요조차' 없습니다. '1'을 안다는 것의 이 신비로움이라 해야 하나 희한함이라 해야 하나, 여하튼 그 사실에 윤곽을 부여하기 위해서는 먼저 1이 없는 풍경을 상상할 필요가 있다고 생각합니다. 1이 없는 풍경을 상상하는 것. 그것은 어떤 의미에서는 잠시 인간이기를 멈춰보는 것입니다. 저는 틀림없이 무의식적으로 그런 것을 생각하고 있었을 겁니다. 그래서 수학자 오카 키요시도 살았던 와카야마현의 기미 고개에 가서 1만 자 정도의 텍스트를 쓰기 위해 여관에 틀어박혀 생활한 적이 있었습니다. 산중의 밤은 완전히 칠흑 같은 어둠. 빵을 방의 한구석에 두고 손과 발을 사용하지 않고 방 전체를 기어 다니면서 턱만 사용해서 빵을 먹으면서 개미의 마음을 이해하려고 노력하였습니다."

넘쳐흘러서 도무지 다 길어낼 수 없고 다 담아낼 수 없는 '존재성'을 가장 강하게 느낄 수 있는 것은 무엇보다도 '자기'일 것이다. 모든 사물의 '존재성'을 다 의심한 데카르트조차도 자기의 존재성만큼은 의심할 수 없었다. 자기가 외부세계에 확실한 변화를 가져올 수 있는 '원인'이라는 것의 자각, 이것이 제일 먼저 필요하다.

모리타 마사오 선생은 무엇보다도 이런 '자각의 천재'라고 생각한다. 이것은 심리학자 리처드 드샴Richard DeCharms이 제창한 메타 동기 이론인 '자기 원인성의 인식personal causation'이다. 그다음으로 우리는 그 자기의 '원인성 감각'을 계속 가지면서 외부세계의 다른 존재가 되어보지 않으면 안 된다.

아인슈타인은 말한다. "그때 나는 빛의 속도로 빛이 진행하는 방향으로 달려보았다…." 다섯 살이었던 딸이 TV의 만화를 봤을 때 다른 화상과는 달리 그 '만화'는 '자신이 혹시 그릴 수 있지 않을까 하는 것'의 연장으로 보았다. 그때 아마도 자신이 그린 그림을 움직일 수 없는 존재상의 감각이 실제로 TV에서는 움직이고 있다는 인식과 모순되었을 것이다. 이와 똑같이 아인슈타인은 '빛의 속도로 달리는 것'을 자기의 활동의 연장 선상으로 보고 역시 아무래도 납득이 가지 않아서 이십 년간 계속 생각하였던 것이다. 1이란 무엇인가, 1은 왜 계속 1로 있을 수 있단 말인가, 라고 평생 물었던 프레게 그리고 '계산과 논리가 아닌 수학도 있어도 좋지 않은가(What could mathematics be)'라고 물었던 오카 키요시의 탐구의 연장선상에 모리타 마사오의 '수학'이 있다고 생각한다.

'당연한 것'을 당연한 것으로 보지 않으려고 하는 내부에서 치고 올라오는 '불편함을 동반하는 걸리적거림' 즉 'It doesn't make sense!'는 '만약 내가 …라면 당연히 …라는 식으로 세계가 보여서 그 안에서 …와 같이 활동할 수도 있을 것인데…'와 같은 실감이다.

모든 존재에 대해서 자신의 정체성을 애써 잊어버리고 '자기 자신이 그것이 되어보는 것'. 이것이 '걸리적거림'을 즐길 수 있는 최소한의 필요조건이다. 이러한 의미에서 '수학'을 매개로 우리가 평소에 당연하다고 생각하는 것에 딴죽을 걸어보는 것의 쾌감을 우리에게 전해주려는 책, 그것이 바로 〈수학하는 신체〉이다.

2020년 4월 17일

박동섭

수학하는 신체

초판 1쇄 발행 2016년 7월 25일
개정판 1쇄 발행 2020년 5월 28일

지은이 모리타 마사오
옮긴이 박동섭

발행인 김병주
출판부문 대표 임종훈
주간 이하영
편집 신은정, 김준섭, 안선아
마케팅 박란희
펴낸곳 (주)에듀니티(www.eduniety.net)
도서문의 070-4342-6110
일원화구입처 031-407-6368 (주)태양서적
등록 2009년 1월 6일 제300-2011-51호
주소 서울특별시 종로구 인사동5길 29, 태화빌딩 9층
ISBN 979-11-6425-028-8 (03400)
값 15,000원

에듀니티 행복한연수원원격연수 happy.eduniety.net

30시간 2학점 원격연수

독서교육은 교사가 지치지 않아야 합니다.

교사가 지치지 않는 독서교육

본 과정은 독서교육을 실천하고 있는 교사들의 수업 방법과 사례는 물론, 바로 활용할 수 있는 친절한 책 목록과 활동 자료도 빠짐없이 제시합니다. 더불어 자녀 독서교육, 교사 공부모임에서의 독서, 생활지도에서의 독서까지 독서교육에 대한 전반적인 내용을 실제적 맥락에서 다루었습니다.
이 연수를 활용해 학생들과 함께 독서교육을 해보시고 교사로서의 보람을 얻어가시면 좋겠습니다.

<독서교육의 기본>

1. 독서교육, 이렇게 하면 될 줄 알았는데!
2. 내가 고른책, 왜 인기가 없었지?
3. 같은 책을 읽었는데, 왜 다르지!
4. 독서감상문, 진짜 너희들의 감상이 궁금해.
5. 무엇이 문제인가! 누구의 문제인가!

<독서교육의 여러 방법>

6. [재미]시집으로 하는 독서교육
7. [쉬움]네 시간 독서토론
8. [기본]지적 단련을 위한 서평쓰기
9. [소통]책 대화하기
10. [만남]책 읽고 인터뷰 하기
11. [탐구]주제 보고서 쓰기

<교과 독서교육 시작하기>

12. 교과 독서교육, 함께 읽기는 힘이 세다! 1탄
13. 교과 독서교육, 함께 읽기는 힘이 세다! 2탄
14. 국어교사 김진영, 책읽기 수업
15. 체육교사 김재광, 책읽기 수업
16. 윤리교사 김현주, 책읽기 수업
17. 역사교사 정태윤, 책읽기 수업
18. 역사교사 우현주, 책읽기 수업
19. 특성화고 사회교사 허진만, 책읽기 수업
20. 특목고 국어교사 남승림, 책읽기 수업
21. 국어교사 구본희, 자유학기제를 활용한 책읽기 수업
22. 제자들이 기억하는 그 시절, 송승훈 선생님의 책읽기 수업

<독서교육의 확장>

23. 지치지 않는 교과 독서교육을 함께 만들다! 1탄
24. 지치지 않는 교과 독서교육을 함께 만들다! 2탄
25. 동아리와 공부모임에서 책읽기
26. 담임교사가 하는 독서교육
27. 독서로 하는 학교폭력 예방수업
28. 자녀 독서교육에 대한 궁금증 해소
29. 실적이 필요할 때 쓰는 방법과 학교 예산 활용법
30. 학교에서 독서교육을 하는 의미

강의 송승훈 선생님(광동고, 국어)

함께한 선생님 | 구본희 선생님(관악중, 국어), 김진영 선생님(호매실고, 국어), 김재광 선생님(남양중, 체육)
김현주 선생님(생연중, 윤리), 남승림 선생님(한빛고, 국어), 우현주 선생님(경기북과학고, 역사)
정태윤 선생님(수원북중, 역사), 허진만 선생님(삼일상고, 사회)

30시간 2학점 원격연수

단 한 명도 포기하지 않는 교육을 위해!

읽고 쓰지 못하는 아이들 – 문맹과 문해맹을 위한 한글 지도

한글은 배우지 않아도 알 수 있을 정도로 쉬운 글자이지만 생각보다 많은 사람들이 읽고 쓰는 데 어려움을 겪습니다. 한글 지도방법을 제대로 배우지 못한 교사가 읽고 쓰는데 조금 더 특별한 어려움을 겪는 아이에게 한글을 가르치는 일은 분명 까다롭고 어려운 일입니다. 최소한의 읽고 쓰는 문제를 넘어, 우리 아이들이 제대로 말하고, 읽고, 쓸 줄 아는 어른으로 성장하여 사회 안의 구성원으로 함께 살아갈 수 있도록 희망의 실마리를 함께 찾아보시길 바랍니다.

1. 읽고 쓰지 못하는 아이들
2. 단 한 명도 포기하지 않는 교육
3. 아이의 읽기 발달 단계 이해
4. 한글 단어 읽기 발달의 특징
5. 학습이 더딘 아이의 언어 발달 특징
6. 발달 단계에 맞는 국어 수업1(읽기, 쓰기 지도)
7. 발달 단계에 맞는 국어 수업2(1~3학년)
8. 발달 단계에 맞는 국어 수업3(4~6학년)
9. 초기 문자 지도, 어떻게 할까?
10. 그림책을 활용한 읽기 지도(1)
11. 그림책을 활용한 읽기 지도(2)
12. 아이의 마음을 열어요
13. 학생 일대일 지도 사례
14. 아이랑 선생님이랑 놀자
15. 우리는 궁금합니다

강의 홍인재 교감선생님, 읽기 연구회 선생님들

사례발표/이해영 선생님, 오현옥 교감선생님, 정미영 선생님, 김민숙 선생님

30시간 2학점 원격연수

그림책을 보며 나는 아이들 속으로
아이들은 내 속으로 걸어 들어온다

학급에서 활용하는 그림책 이야기(기본과정)

그림책은 유아용 혹은 아동용이라는 편견을 갖기 쉽습니다. 하지만 그림책에도 이야기가 있고, 이 이야기를 이해하고 풀어나가는 능력이 필요합니다. 우리가 흔히 접하기 쉬운 교과서도 어떤 면에서는 그림책이라고 할 수 있습니다. 이 과정에서는 교과서를 비롯한 그림책을 재미있게 읽는 방법, 좋은 그림책을 선별하는 방법, 그리고 이것을 활용해 아이들과 소통하는 방법 등에 대해 알고, 실제 교과지도 및 학급운영에서 활용해 볼 수 있도록 이론과 사례를 제공합니다.

1. 듣기의 특성
2. 읽기의 특성
3. 그림책을 읽어주어야 하는 까닭
4. 그림책 읽어주는 방법
5. 그림책의 가치 Ⅰ
6. 그림책의 가치 Ⅱ
7. 그림책의 개념 Ⅰ
8. 그림책의 개념 Ⅱ
9. 그림책의 역사와 내용적 특성
10. 그림책의 구조적 특성
11. 그림책의 작가와 독자 Ⅰ
12. 그림책의 작가와 독자 Ⅱ
13. 글없는 그림책
14. 그림의 비중이 큰 그림책
15. 글의 비중이 큰 그림책
16. 글과 그림의 관계 Ⅰ(협응과 보완의 관계)
17. 글과 그림의 관계 Ⅱ(구체화와 확장의 관계)
18. 글과 그림의 관계 Ⅲ(대위법적인 관계)
19. 글과 그림을 한 작가가 창작한 그림책
20. 글작가와 그림작가가 공동창작한 그림책
21. 기존 동화를 재구성한 그림책
22. 옛이야기를 재구성한 그림책
23. 그림책의 갈래-옛이야기 그림책
24. 그림책의 갈래-판타지 그림책
25. 그림책의 갈래-리얼리즘 그림책
26. 그림책의 갈래-정보 그림책
27. 그림책의 갈래-시(운문) 그림책
28. 그림책 활용-그림책과 매체 변환
29. 그림책 활용-그림책을 활용한 교과 지도
30. 그림책 활용-인성 지도 및 독후활동

강의 최은희

1990년 오월문학상 수상, 시인으로 등단 | 문예계간지『노둣돌』『삶의문학』 작품 활동
공주교육대학교 <아동문학의 이해> 출강(2005~2008년)
교사, 학부모, 도서관 및 각종 직무연수 강의 (150회 이상)
우리교육교사아카데미 그림책 기초.심화과정 강의 (2002년~2010년)
2007 개정교육과정 국어과 5학년 1~2학기 읽기 교과서 집필
서울시교육청 교사직무연수 '에듀니티'의『최은희의 그림책 교실』운영 (2011년~)